生命,宇宙的瑰宝

SHENGMING YUZHOU DE GUIBAO

生命,宇宙的瑰宝

SHENGMING YUZHOU DE GUIBAO

丛书编委会 编

甘肃科学技术出版社

甘肃·兰州

图书在版编目（ＣＩＰ）数据

生命，宇宙的瑰宝 / 青少年科学探索丛书编委会编
． -- 兰州：甘肃科学技术出版社，2024.1（2024.6重印）
　ISBN 978-7-5424-2793-9

　Ⅰ．①生… Ⅱ．①青… Ⅲ．①生命科学－青少年读物
Ⅳ．①Q1-0

中国版本图书馆CIP数据核字(2020)第258018号

生命，宇宙的瑰宝

丛书编委会　编

责任编辑　陈槟
装帧设计　大雅文化

出　版　甘肃科学技术出版社
社　址　兰州市城关区曹家巷1号　　730030
电　话　0931-2131575（编辑部）　　0931-8773237（发行部）

发　行　甘肃科学技术出版社
印　刷　天津旭丰源印刷有限公司
开　本　787毫米×1092毫米　1/32　印张　6.25　插页　4　字数　150千
版　次　2024年2月第1版
印　次　2024年6月第2次印刷
印　数　2601~3650
书　号　ISBN 978-7-5424-2793-9　　定　价　48.00元

引言

生命，宇宙的瑰宝

　　在科学家揭示一个又一个关于这个世界的秘密时，中微子、磁暴、干细胞无性繁殖、反物质等令人莫名其妙的名词，如同被施了魔法的咒语，在科学与大众之间犁出一道愈来愈深的鸿沟。当然，正如我们长大以后知道了，并不存在一个"上帝"做出这样的承诺，保证我们拥有一个可以理解的世界。科学是人类的智慧结晶，它不该是极少数人的宠物，而且在我们所处的时代来看，科学和人类的命运已经密切相关，小到柴米油盐、衣食住行，大到星际穿越、登上月球。然而，科学并不总是给出一个令人信服的答案。

　　美国康奈尔大学的著名天文学家卡尔·萨根曾经做出过这样的计算，在整个银河系中差不多有 4 000 亿颗恒星，这些恒星中有相当一部分带有行星。在这些行星中，与地球环境近似的可能多达 100 万颗。既然生命能够在地球上产生和演化，那也可能同样在这些行星上产生和演化，并发展出智慧生物。而其中必定有一部分，要比现在的人类文明更为先进。大家注意，这仅仅是指在我们的银河系内。

　　在美国天文学家德里克主持组织的第一个搜寻地外生命的会议上，德里克与年轻的卡尔·萨根一起提出了著名的德雷克公式。什么是德雷克公式呢？它其实就是一个用来推测"可能与我们接触的银河系内外星球高智文明的数量"的公式。在德雷克公式中，有这样一个计算：以目前观察的情况估算，银河系大约有 4 000 亿个恒星，而宇宙中已发现了数十亿个河外星系与银河系相当，但是宇宙中的恒星远远不止于此（还有更多不可计数的未发现星系）！因此，我们可以计算出宇宙中可能出现生命的行星数以十亿计。

生命如烛火在宇宙中此起彼伏，但人类实际是宇宙孤儿！因为光速的限定，任何文明实际上都是被"囚禁"的，数十亿个星系平均距离超过 200 万光年。这意味着，如果没有发展出空间跳跃技术或是破解虫洞、时空隧道难题，那么在两个不同星系之间，文明与文明的交流可能性为零。更进一步来说，宇宙的运行事实上偶然性要多于必然性，混乱性要多于规范性，这与我们的想象和认识是有偏差的。因此，学习抽象的科学概念是没有意义的，在这个观念纷呈、思想消长如浮云过眼的时代，唯有科学的理念和思维方法弥足珍贵。我们需要理解周遭的种种现象，辨别围绕在身边各色说法的真伪；也需要时时做出对自己和他人有所影响的决定。崇尚科学，培养一种系统、理性和合乎逻辑的思维模式必不可少，这恰好是科学精神的实质，也是我们策划本丛书的初衷。

庄子云："吾生也有涯而知也无涯，以有涯逐无涯，殆矣。"喜欢探索的人永远在路上。

"青少年科学探索丛书"编委会

2020 年 11 月 25 日

目录

生命.宇宙的瑰宝

第一章
探索生命的维度

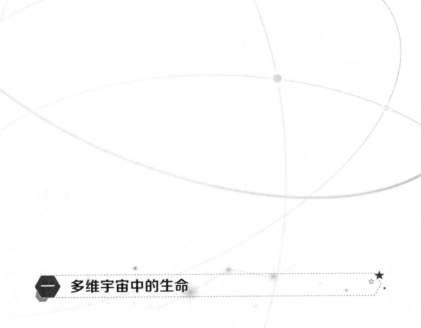

一　多维宇宙中的生命

1914 年，爱因斯坦在柏林科学院举行了一次演讲，一个记者趁休息时间向他提出一个意义深远的问题："为什么我们的世界是三维的？"爱因斯坦像平时在这种场合中一样，喜欢用一句玩笑话来回答，他的回答翻译过来是这样："因为上帝喜欢三位一体"，爱因斯坦建议这位记者可以向此问题的大专家麦克斯·布兰克求教。

布兰克对这个问题的看法也是很著名的，"在自然界中有很多作用力，正如我们所知，它们属于可逆乘方定律，我们在这种情况下尤其要看到我们空间三维性的自然结果，凡懂得物理学的人都会接受三维空间这个事实，我们大可不必为我们的空间不具有四维或更多维的问题而自寻烦恼"。

总之，我们的世界自混沌初开之时就是如此，不必在这个

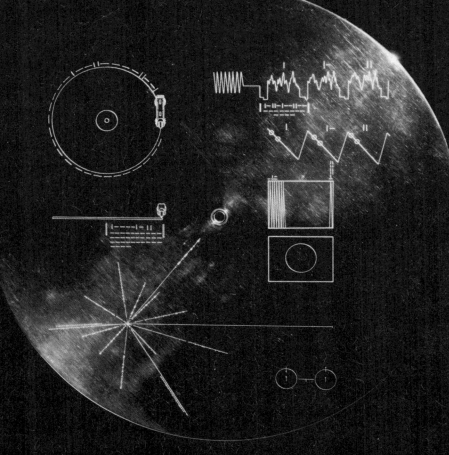

图 1-1 "旅行者"金唱片的两个拷贝之一，另一份跟随"旅行者 1"号于
1977 年 9 月 5 日发射至太空

问题上浪费脑筋。

其实，布兰克并没有说出任何新的东西，除了空间维数和
作用力与距离的平方成比例之外，实际上是重复了亚历斯托德
尔对此问题的见解："我们从自然数中取一个数字，同时把这个
自然数作为我们的领导，没有任何思想地在思考着，为什么物

质世界恰恰是三维的呢？"

　　然而，从爱因斯坦在科学院所做演讲之日起整整过去了100多年，物理学界剽窃成风，隐瞒"维数"存在的思潮就是其中之一，真正在认真工作的只有瑞曼、卡路茨、拜尔、克莱因和其他著名的物理学家以及数学家，他们是我们这个世界多维物理学的先驱。当这种风气平息下来之时，让我们对多维性，以及多维世界中存在生命的问题做出基本分析。

　　现代飞碟专家们凭空地证明，外星人从行星上或从位于更高维的世界降临到我们的地球上，从科学的观点来讨论这些主张似乎没有什么前途。现代数学却能轻松解答任何维数的世界，而基础物理定律在那里却成为过时的东西，仅仅对被叠加数做出适当的表述，就可以阐释任何维数世界中的东西，也包括生命（当然，是在人类的观点中，因为我们暂时还不知道其他有理性的物体）。

　　让我们取出鲍尔·爱林费斯特著名的《为什么空间是三维的？》一书来看一看，如若我们的世界的维数多于或少于三维的话，它将会是什么样子，这对于论证维数行星系存在的可能性问题非常有用。

　　我们从一维世界开始，在一维世界中引力不是由距离决定，这儿的质点可以像钟摆一样，用任何的作用力都无法使它逃之夭夭，作用力仅仅增大了质点摆动的幅度。相同的情形在两维世界中也可以看到。

　　在我们的三维世界中，众所周知，物体的运动相对于作用力的中心可以是双向的，它可以沿着圆形或者椭圆形的轨道运动。

　　在四维和更高维世界中行星系的存在原本是不可能的，它或者落入引力中心（如太阳），或者脱离引力中心而不知所终。

在其他维的世界中物质的性质也同样发生着根本的变化，让我们来看一个最简单的情形——氢原子，在一维和二维世界中电子永远被锁定在原子上，因此用任何作用力都不可能把它变为自由状态。

相反，在四维和更高维世界中氢原子根本就不可能存在，因为电子不可避免地要落到原子核上。在这些世界中压根儿就没有我们熟知的物质，所以可以大胆地认为，在它们中存在着类似于我们的生物是根本不可能的。

然而，我们世界三维性的未知理论给了我们这个结果吗？实际上，我们完全不清楚，为什么世界恰巧是它应该存在的那种形式，为什么其中一定应该有稳定的行星系，包括我们自己的太阳系呢？

很遗憾，人们拥有类人性，或者说希望用人的尺度测量一切的想法，它迫使我们相信世界存在着某种完全无法想象的事物。于是，正如我们所看到的，事物不仅在稳定的行星系存在，而且也在稳定的其他物质中存在。当然，不能否定在其他维数的世界中存在着我们完全陌生的智慧，然而有一点是清楚的，这些多维世界应比我们的世界更加缺乏秩序。

不但如此，从我们的三维观点出发，我们可以规定四维世界中存在智慧生命的概率。虽然在理论上发明出多维世界，比如著名的苏联飞机设计师和数学家罗伯特·巴尔迪尼提出一个带有三维空间和三维时间坐标世界的理论，分析波的方程式表明，纯粹的波不能在偶数维度空间中传播，在波的后面必定会出现被称为"反射"的扰动。

分析这个问题时,数学家G.J.维特洛夫于 1955 年得出一个不能令人满意的结论,高级形式的生命不可能存在于偶数维度的空间中,因为有机体为了一致作用,有效地传播和对信息的加工是必要的。

有的时候,诗人们也会提出一些复杂的物理问题,我们甚至还记得根特的《福斯塔》,而且我们随时都能回想起它,因为它说的就是来世的事:

谁在那里,在那深邃的天空?

他们是否也有爱与仇?

在那陌生的世界中。

就像这个世界呢?

按照当代最具推动力的自然科学家的观点,人具有三维的肉体和以前被称作灵魂的能量体,它既具有波的本性,同时还应具有确切的稳定性,而不是像电磁波那样以光速向四面飞散。为了绕过这个矛盾,一些该思想的赞同者追随 20 世纪初的神学家的观点,认为任何一个孤立的三维系统,比如,一个封闭的房间,被用更高一维打开,于是它里面的居民就可以随意出现和消失,正像一些目击者所证实的那样,出现了幽灵以及飞碟乘员。

但是,因为能量体属于高级智能,故维特洛夫对其加以禁止:它不能存在于四维世界和任何有思维的偶数维度世界中。

虽然物理学家认为目前研究多维问题遇到很大麻烦,但是理论揭示应当在哪里和如何寻找到它,如果它一旦被发现,那么多维性的问题必将是最重要的物理发现,而现在只能让我们同诗人一起长叹:

长、宽、高,

只是三个坐标。

通向它们的路在何处?

门闩已被插死……

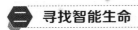

二 寻找智能生命

科学家们有一个坚定的信念:我们在宇宙中并不孤独。那么为什么难以使他们接受不明飞行物(UFO)来自地外这一说法呢?

你是否曾经遥望浩瀚星空,是否想过我们在无尽的宇宙中孤独无助?一个世纪以来,我们一直思考天外有"人"的可能性,此刻他们是否在观察我们。

在 20 世纪 60 年代,诸如此类的问题引发了"寻找地外文明"(SETI)的调查。参加SETI的科学家分析了无线电频率,并考虑通过电磁信号与其他世界接触。他们认识到,如果这些地外文明真的存在,并离我们的太阳系足够近,他们肯定已经知道了我们。自从几十年前商业电台和电视台开始发射信号以来地球已经宣布了她的存在。这些信号的前锋已跑到了几十光年远的宇宙深处,等待其他"人"的接收。

根据 1977 年的《宇宙中智慧生命存在的可能性报告》,SETI的科学家们推想,如果我们不能到他们那儿去,那么当他们知道我们是什么样时会到我们这儿来。在 1974 年,弗兰克·杰克和卡尔·萨根在波多黎各的阿兰西波天文台首次向地外宣布了我们的存在。他们发射信号的目标是仙武座大星团,仙武座大星团包括 300 300 颗恒星,也被称作M13。这些星星离我们有

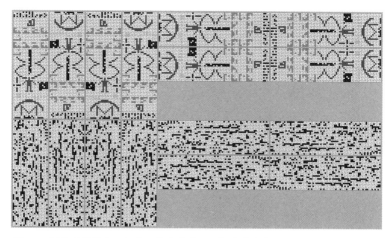

图1-2　阿雷西博信息。上面8个为外星人可解读的格式，下面8个则无法解读。

24 000光年。杰克说他们将得到这样的信息：我们的复杂程度，我们的基因材料是什么，我们的文明程度，并且这些代码还告诉他们我们的结构、生长过程和人类的大脑等。

　　没有人知道这些"人"的确切位置，但实际上宇宙如此之大，我们怎么可能是唯一的存在呢?

　　在太阳系中，我们知道另外有两个行星可能存在生命或在其历史上曾存在生命：金星和土星。

　　美国航空航天局（NASA）和一些小组如"火星地下"研究组已经试图找到一个有效的途径来调查火星上生命是否真的存在。根据1996年9月《每周新闻》引用科学家的话，如果在火星上存在生命的话，他们应生活于地下，因为在火星上经常出现灾难性的气候。法默来自设在加利福尼亚NASA的美洲观察中心，他说在火星上寻找生命需要人而不是机器人。机器人很难在火星上挖掘、发现，并携带任何水样、有机物或化石再回到地

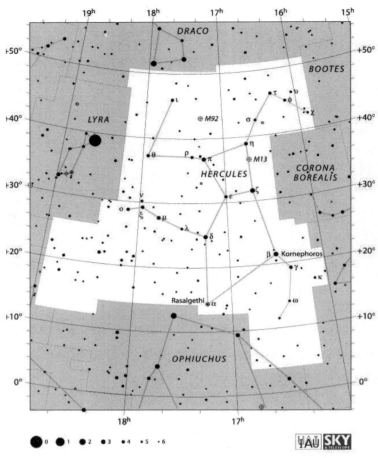

图 1-3 武仙座恒星列表

球。想想看，这仅是我们太阳系中存在的可能性，我们银河系的其他地方和任何河外星系又如何呢？

喷气式飞机和绿色光芒

我们现今面对的可能是，地外文明可能已经访问并观察

我们。爱华德·拉夫特曾是美国空军蓝皮书计划的头头，在他
1956 年的《不明飞行物报告》一书中一次又一次地肯定，这不
仅是可能，而且已经发生了。他在书的开头告诉我们："在 1952
年的夏天，一架美国空军的F86喷气式截击机向一个飞碟开火。"
这个事件和其他很多飞碟事件我们以前根本不知道。

拉夫特说他得到了这个事件的最后一份官方报告。情况是
这样的，空军在雷达上盯住了一个空中不明飞行物（UFO），并
派两架飞机去看看是什么东西。没想到雷达丢失了目标，但一
架喷气飞机发现它在离地面 900 米上空，并在当它要逃离视野
时开了火。因为这份报告可能引发混乱，被销毁了。

拉夫特说他还知道或经历了其他一些事件，他认为这些事
件都表明地球已被外星人访问。在 1948 年的 12 月到 1949 年
的 1 月，人们在新墨西哥看到了绿色的火球。根据新墨西哥大
学陨石研究所的莱考·拉·珀兹介绍，这些绿色火球不可能是陨
石——这是人们对这类现象的流行解释——因为它的轨道是平
的，并且在地表没有发现任何碎片。那么人们看到的是什么呢？
我们不能证明这些物体是地外飞行物对地球的访问，然而我们
知道这些物体不是陨石或其他东西。

对这些事件的报告中明显隐去了一些内容，因为政府害
怕会引起恐慌。如果人们知道了在宇宙中存在更先进的生物，
他们会担心政府应付不了这件事。人们会想知道这些外星人
将征服我们还是我们应准备去战斗，这些问题是NASA也回答
不了的。没有肯定的回答会导致谣言的传播，并产生不可控
制的惊恐。

混乱引起的最严重的后果是惊恐，它肯定会在全国发生。

图 1-4 1952 年，美国新泽西州所拍摄的不明飞行物

团结不再可能，甚至联合国也不知道该怎样行动，而且因此会出现不少灾难。因为在人类历史的大部分时期，人类对外部世界是恐惧和害怕的，他们害怕外星人像人类屠杀牲口一样屠杀人类。更重要的是，每个人都因失去万物主宰的地位而无所适从。

这些事件可能在我们完全不知道外星人是什么样子和他们来地球上干什么的情况下发生。这是因为我们的社会一直被战争所困扰，并对战争产生防范心理。也许这些"人"根本就没有想到要伤害人类。即便如此，仅仅证明他们的存在也将引起地球人类的自我毁坏。

然而整个世界都渴望得到证实。但什么是"证实"呢?我们仅仅是在政府说"他们存在"时就相信它吗?是不是政府一旦拥有这些证据就应将它公布于众呢?人们大概会害怕承认他们相信外星人的存在，因为这会改变我们的社会。它对世界的改变将会跟哥伦布发现新大陆、伽利略推翻托勒密的地心说一样重要。

家里来客

除所有这些调查和事实以外，还有一些人们讲了他们所亲身经历的事。他们的话可能不是真的，但宽容地讲，我们可以考虑将这些经历作为外星人存在的可能性。

怀特·斯瑞伯在他的《交流》一书中说他的访问者进入了他的卧室。他与他们交谈，他们则对他进行测试。他几乎要回忆起一个引起他注意的女人，她的身体很柔软。她可以容易地洞

图 1-5　加利福尼亚州圣塔克鲁兹的绿闪光　实际上，所谓绿闪光是在日没之
　　　　后和日出之前，出现的短暂光学现象，在太阳的上缘或是日没点的上
　　　　方，可以看见绿光或绿色的光斑，通常只能维持 1~2 秒

图 1-6 美国内华达州 375 号州道旁的路牌，由于靠近 51 区而被称命名为"外星人公路"

察他，他写道："她好像确切地知道我的思想和感觉。"

　　调查人员兼斯瑞伯一书的评论者爱德华·考拉与医生唐·克林进行了交谈。该医生可以肯定他的病人没有精神病，也没有瞬时发生的癫痫病——一个怀疑者考虑斯瑞伯可能患此病，而这可以解释为什么他宣称有这样一个近距离遭遇。瞬发癫痫病人常会像斯瑞伯一样在夜间惊起。斯瑞伯接受了神经检查、CAT 扫描和磁共振成像检查，但他看上去神志清楚。克林说，斯瑞伯没有心理疾病，他的经历与现实紧密相连。

　　许多其他有绑架经历的人们都报道了相同类型的生物。这些天外来客被描述成具有毛状皮肤、巨大前额、大而斜的眼睛和大脑袋。罗德和弗里德里克描述到："这些生物不可能有很大的脑袋，因为一个有机体必须有足够大的身体来支撑它。巨大的脑袋也需要很多能量来支持它的运动，因为这些生物的尺寸是有限的，其脑袋也是有限的。"可以相信，与人类相比，他们可以有一个稍大的脑袋和一个稍小的身体。可以肯定的是他们比我们先进，否则不会访问我们。

毫无疑问，许多声称看到UFO的人们其实看到的是直升飞机或其他飞机，他们不能将他们与UFO区分开来。而像拉夫特这样的人看到的现象是难以解释的，很可能是外星人。同样还有其他经历近距离遭遇的神志清楚的人存在。

不予公开的秘密

很显然，许多人不仅怀疑拉夫特和斯瑞伯的经历，而且怀疑在宇宙中存在其他"人"的说法。然而我们的社会不能紧紧闭上无知的眼睛，假装在地外根本没有存在智慧生物的可能性，如菲利浦·克拉斯，一个著名的UFO怀疑论者一样。在1996年11—12月号的《怀疑者的质问》一文中克拉斯甚至攻击那些相信地外文明存在可能性的人们："你根本不必感到吃惊，甚至震惊……一个好朋友，一个受过良好教育的知识分子会相信UFO，或他会怀疑美国政府在新墨西哥州发现了坠落的外星飞船和E.T的遗体，并将它们隐藏了近半个世纪。"克拉斯似乎想说应忽略在宇宙中我们并不孤独的巨大可能性。难道他不知道如果一个知识分子宣称不相信外星生命的存在，将鼓励更多的人忽视这种可能性？克拉斯没有认识到这种无知使我们的社会在思想上停滞不前。实际上恰恰是人们拒绝无知才导致了许多发现和人类进步。克拉斯还宣称是大众媒介影响了人们相信UFO。然而拉夫特的报告并没有对任何人作宣传，它对任何人都没好处，相反它使大众受到教育。

克拉斯宣布他拥有一份空军的文献，否认在新墨西哥州有飞碟坠落。但不能仅仅因为没有外星飞船坠落在那里就否认外星人访问地球和存在的可能性。事实上克拉斯在他的文章中引用的文献是这样说的："这个设备的来源现在还不能确定。"也就是说外星飞船着陆的可能性并未完全排除。我们不能假设什么也没发生，而忽略这些"人"可能存在和访问我们的可能性。

作为一个国家，我们应愿意研究这些可能性；我们应愿意去探索事实真相，去看看在其他星球上发生了什么。本文并不坚持让你相信地外文明，它只是让你也有可能去探求我们在宇宙中存在的真相，怎样去做由你决定。

三　多四季论

地球在椭圆形轨道上围绕太阳公转，形成小四季，周期为1年，在它参与太阳系围绕其他星系的质心公转，乃至围绕银河系的核心及更大星系公转时，由于不同强度的热源距离、辐射角的变化而形成多种不同周期不同程度的大、中、小四季变化。较大四季中包含着若干个较小四季，较小四季的那一个阶段来决定。这个规律对地球适用，对整个宇宙其他星体都适用，并由此引起生物圈周期性地从一个星球转移到另一个星球。

多四季论的理论基础是开普勒的行星运动三定律和牛顿的万有引力定律。它的立论根据是为世界各国科学家所公认的3个观点：即天体作多层次的周期性的运转；气候呈多层次的冷暖周期性的变化，冷暖之间有过渡期；生物周期性地大灭绝。

多四季论揭示，天文、地质、化石等各方面大量的证据也表明，地球上曾经经历过许多不同周期的四季变化。有一年及数年的小四季，也有500年、2000年、上万年的中四季，还有长达500万年、2600万年、2.3亿年（太阳绕银河核心运动的周期）等多种不同周期的大四季及周期更长的特大四季。

生物循环进化论

生命的本质是生物电的活动，因此生命起源也是电荷作用的结果。1953年米勒博士模拟原始地球上的大气成分、太阳紫外线辐射和放电现象，用甲烷、氨、氢、水蒸气通过火花放电成功地合成了氨基酸。此后又有人模拟原始地球上的各种条件，在实验室里制成了嘌呤、嘧啶、核糖、去氧核糖、脂肪酸等复杂有机物，他的合作者制出了热激蛋白、蛋白质、类蛋白质等能够产生原始生命的团聚体。这些实验表明：只要地球或其他星球具备产生这些团聚体的条件，就必定有生命的繁殖、演化和进化过程。

地质资料充分证明，地球上的生物呈周期性大灭绝。就拿最近1亿年来说，曾发生过4次大灭绝。第一次在9100万年前，第二次是在6500万年前，第三次是在3800万年前，最近一次在

图 1-7 在帕瑞纳天文台的夜空中观赏到的银河系核心

1100 万年前。每两次灭绝的间隔都是 2600 多万年，这里显示了 650 万年左右一季。从一个夏季到另一个夏季，刚好出现 2600 多万年的周期性的灭绝灾难。

多四季学说产生后，必须建立一个崭新的时间概念——元。一个星球从出现生物—生物全部消失—下一次开始出现生物，这个周期称为该星球的一元。

大量考古化石证明：地球经过相当大的四季的火热或极寒造成生物周期性的大灭绝，而在大四季的大春天或大秋天里，生物圈又重新回到地球，许多生物又开始新的一轮从低级到高级的进化。

由于太阳系、恒星团、银河系、总星系等在宇宙中的运转而形成的大四季周期性恶劣气候的剧变，造成生物周期性的大灭绝，地球上经过许多次生物由低级向高级周期性地循环进化过程，这就是多四季学说提出的重大的生物循环进化论。

生物圈星际循环转移论

不但地球上有多种不同周期的大四季，而且火星、金星和其他星球也是有大四季的。

火星离太阳比地球远，它从太阳得到的热量比地球少，当地球现在处于大春季时，它正处在一个大冬季。火星也曾出现过生物圈。从 20 世纪 60 年代起，美国和苏联陆续对火星发射了一系列空间探测器，测得火星大气层中含有二氧化碳、氧气、水蒸气、氮气、氩、一氧化碳和氨，主要成分是二氧化碳。极冠结着厚厚的冰，冰由水和二氧化碳凝结而成。火星的表面不存

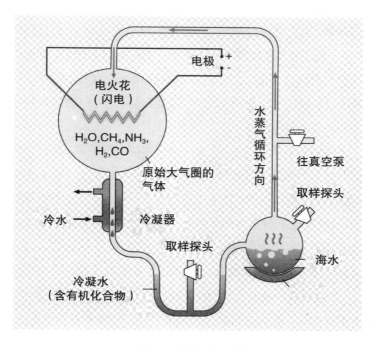

图 1-8 米勒-尤里实验

在液态水，却有着很长很宽的干涸河床，最大的约 1500 千米长，60 千米宽，其规模比地球上的河流还要大，大小干涸河床竟有几千条！这些都充分证明：火星在历史上一定有过一个温暖多雨的时期，必然产生过一个庞大的生物圈。

由于过去太空探测仪器不发达，金星历来被认为没有生命存在的迹象。但 1988 年 1 月苏联无人宇宙飞船穿过金星表面浓密的大气层用雷达扫描时发现：金星上曾有 2 万个城市的遗迹。这些城市散布在金星表面，呈马车轮的形状，中间的轮轴是繁华的大城市。有一个庞大的公路网，将这 2 万个城市连接在一起。经科学家们研究讨论认为，金星上空有超过 12 级的狂风时刻吹袭，它还常年下硫酸雨，在这些不利的自然条件下，即使有建筑物也会被毁坏的。如今它虽没有任何生物存在，但完全可以肯定，金星历史上曾有过生物。这些建筑是类似地球上的生物——人类所建造的。

在火星和木星之间，存在着一条宽阔的小行星带，其中 2000 多个小行星的轨道已经推算出来并作了分类。近 200 年来积累的大量的天文资料表明，这个小行星带是一个粉碎了的行星的碎块。1950 年，苏联科学院的沃尔洛夫教授把这个失踪的行星命名为"法厄同"（希腊神话中太阳神赫利俄斯的儿子）。1961 年 3 名美国科学家一起对一块来自行星带的含碳球粒状陨石进行实验分析，通过对其中的有机类型的石蜡基碳水化合物的分子进行微观摄影，显出了已成化石的单细胞有机体。这就是存在于湖水、海水里的鞭毛虫。这充分证明当时的"法厄同"行星存在着大量的湖泊和大海，气候温暖湿润，生物圈从变得越来越火热的火星（地球和金星火热得更不消说了！）回到了法厄同行星上。"法厄同"毁灭的原因，或者是由于受星际物质的碰撞，或者是该星球上的高智慧生物在一场核战争中导致整个行星爆炸。

由于太阳系、恒星团、银河系、总星系等在宇宙中的运转而形成的大四季周期性恶劣气候的剧变，造成生物周期性的大灭绝，生物圈也因此周期性地从一个星球转移到另一个星球，又周期性地像候鸟回归那样循环回到原来的星球，这就是多四季学说提出的重大的生物圈星际循环转移论，也称作宇宙候鸟回归效应。

人类循环进化论

人类也是受生物循环进化规律支配的。人类进化的过程在经过每一个残酷的特大夏季或特大冬季极其恶劣的气候的灭绝和驱赶后，当大地复苏时又会循环往复地进行着，这就是多四季学说中的人类循环进化论。根据这一理论，我们就很自然地得出了存在上元地球人和外星人的结论，并且这方面的证据多得数不胜数。保存在土耳其国家博物馆的绘有南极冰川底层地形的古地图，位于玻利维亚和秘鲁间的的喀喀湖畔的高原巨石城，具有史前高度先进文明的玛雅文化，隔绝万里的几何构造雷同的古金字塔群。《山海经》中对美洲地区地理、风物准确、详细的描述，非洲森林中形状滚圆异常的加纳波森维湖和南美洲哥斯达黎加原始森林中的石球群。

我们这一元的地球人类还相当年轻。金属冶炼才几千年，电器发明才几十年。而大量的考古化石证明，4000 年前地球上就有了彩色电视机，50 万年前就有了电器，数百万年前，6000 万年前乃至 20 亿年前就有了金属制品。这些清楚地告诉我们，地球几百万年前，以及若干亿年前已经出现了许多次高科技的文明社会，有些东西我们现在的工艺技术还远远赶不上呢！

当地球春回大地后，宇宙的开发者外星人和上元地球人重返地球，对原始人类祖先加速进化产生了积极影响，因而那时地球上也有高度发达的科技遗物化石。

至于大灭绝以前的高度先进的科技遗物化石，乃是本元以上各元的地球人类创造的高度科学文明社会的杰作。

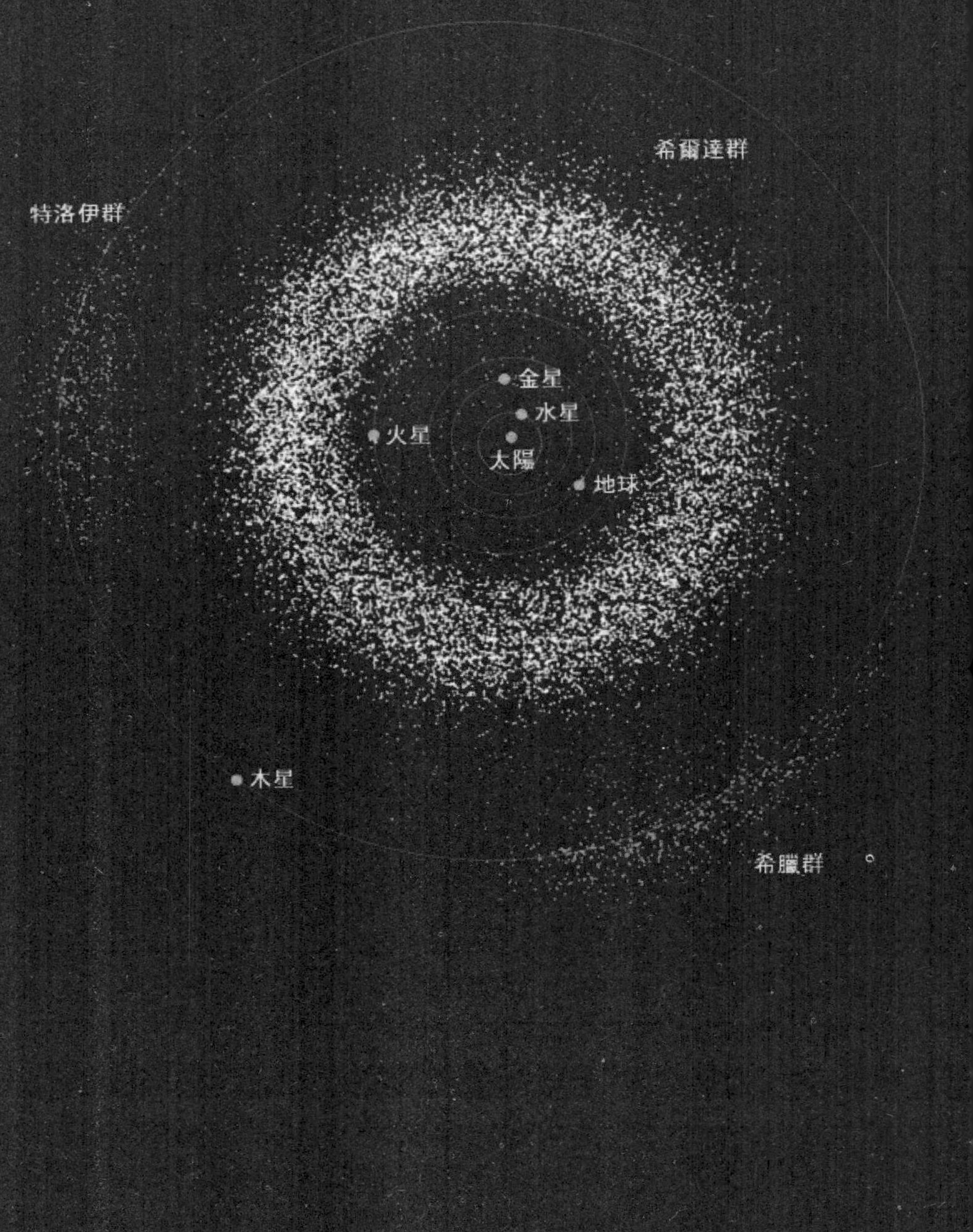

特洛伊群　　　　　　　　　　　　　　　　希爾達群

金星
水星
火星
太陽
地球

木星　　　　　　　　　　　　　　　　希臘群

图 1-9　主要的小行星带（以白色显示）位于火星和
　　　　木星轨道之间，从天球北极观察

令人困惑的世界之谜

从太空看我们生活的地球，这个太阳系的第三行星是那么神秘。大自然不但赐予它适度的阳光、空气和水分，而且还让它繁衍出高智慧生物——人类。

然而，大自然对地球特别钟爱吗？我们是否掌握了它的全部奥秘？让我们看看大自然给人类出的一道道难题吧！

——洪涝干旱，冰雹霜冻，这些给人类造成巨大损失的自然灾害，每年都在各地相继出现。它们是否有规律可循？人类能把灾害损失降到最低限度吗？

——太阳每天都是新的。它像一团熊熊燃烧的烈火，给地球送来光明和温暖。人们不禁要问：有一天它会因燃料烧光而消失吗？

——金星，现在虽然被热浪包围。但是宇宙探测器发回的资料表明，金星历史上存在过海洋，卫星照片上还显示上面存在着 2 万个城市的遗迹。这是怎么回事呢？

——火星，现在虽然被坚冰冻结，但是对火星的探测证明火星历史上存在过河流，有人还发现上面有金字塔和狮身人面像。这又是怎么回事呢？

——它说明大自然并不是特别钟爱地球。也许有一天，金星的海洋还会波涛汹涌，火星的河流又会浪花飞溅。这一天什么时候到来呢？

——有人计划大规模开发月球，有人却提出要炸毁月球，这是理性行为还是盲目行动？

——还有外星人、飞碟，相信者言之凿凿，不相信者竭力否定。他们所依据的又是什么呢？

……

全世界的科学家都在研究这些问题，都在寻找破谜解惑的钥匙。科学技术发展到了今天，迫切需要一种深刻揭示自然规律的新理论来指导人类的实践。这一理论在什么时候能够出现呢？

第二章

我们的近邻

WOMEN DE
JI KIN LIN

图 2-1 在这张 "卡西尼" 号拍摄的土卫六照片中，中
部偏右的那个亮区被称为 "上都"，人们对那
儿到底是什么仍然一无所知

一 去土卫六，搜索生命

　　20世纪60年代，美国航空航天局（NASA）发射了一系列"阿波罗"探月飞船，打开了月球的大门，同时也打破了许多人对月亮的美好幻梦。那是一个布满陨石坑的毫无生气的荒漠，这幅荒凉景象是跟其缺乏大气相关的。

　　那么我们有望在太阳系地球之外找到生命吗？要回答这个问题，首先得问，生命在宇宙中究竟是一种偶然，抑或是一种必然？现代科学认识到，生命是宇宙演化的必然结果，因而它具有普遍性，只要具有类似地球的条件，生命就可能出现，决非地球的专利。但另一方面，科学家们面对一个尴尬的事实，他们研究生命的唯一样品，无可选择地只能来自我们的家乡地球，他们模拟地球的原始条件，对一些有机分子施以闪光和紫外光照射，再加上氧。结果颇遂人愿，他们合成出氨基酸。许多年的努力过去了，研究者未能再前进一步，始终没有一个具有自我复制能力的生命分子跨出实验室的大门。

泰坦之谜

现在人们把目光转移到其他行星或卫星上，其中最看好的一颗星球是土星的卫星——土卫六或称泰坦。

1656 年，科学家惠更斯首次观察到了这颗大月亮，它不仅在土星的 23 颗卫星群中首屈一指，在整个太阳系内的众多卫星中，也名列第二，其直径达 4800 千米。它是科学家长期以来感兴趣的一颗星球，因为它有大气层，这意味着它可能藏有生命，不过其表面温度甚低，仅为-190℃左右。"旅行者"探测飞船在其大气顶部观测到了孕育生命的有机分子氰氰酸，更让人困惑的是它不时发射出射电波，迄今还不知道它的起因。

它富有有机氮的大气层，以及其大气层的化学反应过程，可能很类似于原始地球的那种情况。最近还从红外线的观测中看到，这个大月亮上空还飘浮着甲烷云，因而在这个星球上极有可能存在生命，诸如蛋白质，甚至活细胞。所有这些，都有助于我们揭开生命起源之谜。

NASA 于 1997 年发射探测飞船"卡西尼"去那里探秘，2004 年到达此月亮上空并释放一台探测器"赫琴"，它在蒙蒙的红色大气中探查着各种有机分子。

在"卡西尼"去土卫六的途中，第二次的探测筹备活动也已展开，取名"土卫六生物探测者"的飞行器拟进行 8 年的实地查看并取样，NASA 的专家正在紧锣密鼓地进行活动，以解决

图 2-2 组装好的"卡西尼"号

"探测者"所需的具有挑战性的新技术。

科学家们为何对此月亮有如此大的兴趣？人们早从望远镜中观测到那里有约 20 种不同的化合物，其中含量最丰富的要数乙烷，它们可能汇集在该星表面的海洋和大湖之中，但是要形成生命，还需要一个重要的东西——氧。

那里有氧吗？从观测中可知，它的大气中含有氧化物，而表面上的全部氧都锁在坚冰中。退一步说，就算那里有足够的氧，但在那样严寒的世界中能容纳生命吗？科学家塞根等人提出了一种看法，在太阳系形成的早期阶段，陨石、小行星对行星的碰撞是家常便饭，一旦碰在土卫六上，受撞击的区域将产生高温，其表面的冰壳将被融化，从而使得有机分子跟液态"水"中的氧产生反应。据他们的计算，碰撞点周围冰壳中的有机分子有可能暴露在氧气中长达 200 万年之久。这么长的时间，足可产生氨基酸，以后是否会出现蛋白质、糖甚至活细胞？要了解这些化合物需经过多长时间才能进入生命，唯一的办法只能是在土卫六上进行实物取样。

如何到达泰坦？

气球，这是一种既廉价又简单的手段，不过气球很难靠风固定住，并产生足够的下降力从坚硬的表面挖掘样品。估计这是一条困难重重的途径。

用一艘飞船去探测，这也许是可行的，从上面看下去，可以记录土卫六表面的景观，但一个很大的障碍是蒙蒙的大气，它使得飞船无法取得清晰的图像。

最后剩下直升机这唯一的选择。在地球上它需要较大的动力，而据行星科学家洛伦兹说，在土卫六上所需的动力要小得多，故可用电动力，它既能使直升机飞越较长的距离，又能使它更精确地降落在所需的地点，并可十分稳定地做采掘工作。土卫六上的大气要比地球上的厚实四倍，这使得飞机上的水平旋翼更易于推动机身；另一方面，此星的引力只有地球的1/7，故机身所需的浮力要比地球上的小得多。这样计算下来，在土卫六上一架直升机所需的动力要比地球上的小。

据洛氏计算，一架100千克的直升机，只需500瓦特功率即可在那里飞行，这相当于我们日常用的家用吸尘器的功率。直升机采用放射性同位素热电机（RTG）作为能源，这是一种非常昂贵的装置。那么为何不用太阳能帆呢？原因很简单，土卫六离太阳的距离是地球的十几倍，它可接收到的阳光仅为地球的1%，当阳光穿过其蒙蒙大气层时，又要被吸收去极大部分，以致到达其表面的阳光仅为原来到达大气层的1/10，即相当于地球表面的0.1%，太阳能帆实在无用武之地。

"卡西尼"配备的也是RTG钚同位素，其产电率仅为5%，但新近推出的一种可达15%，若直升机采用后者，那么所需的钚只要7千克（500瓦特）。为了减少贵重的钚的用量，洛氏提出了一种巧妙的方法，即飞机上再配以蓄电池，当飞机停留在表面时，可进行充电，而蓄电池可使直升机做数十小时的飞行。按这种配置，RTG中的钚用量可降至1千克，发电量为70瓦特，可供直升机在每个土卫六日（相当于16个地球日）飞行24小时。

为使直升机能在那里可靠地工作，专家们以火星的地貌为基础，进行了直升机的试验活动。1998年，他们在加拿大台逢岛上的一个古陨石区域做了无人直升机的试飞，机载电脑利用GPS卫星网为飞机导航，飞行得很成功。可是在土卫六上显然没有GPS，又该怎么办呢？工程师们胸有成竹，他们已研制出一种视觉导航系统，或称"视觉计程仪"，它以当地的地貌特征为标记，使得直升机知道自己身处何地。为了得悉飞机飞得多快，计程仪利用相机记录地表的景观，而电脑则测量这些景观的变化速度，据此飞机可得悉这里是何处正在飞向何方。

洛氏估计，直升机的总重量为100千克，它所携带的小型化学仪器约重15千克，机上有一个实验室，能对各种取样做分析，并最后判断出是否存在生物分子，诸如氨基酸、糖等。它们具有两种存在形式，这二者在结构上完全一致，却互为镜像（即分子自旋方向相反）。没有人知道为何出现这两种形式，且地球上的所有生物分子都是左手性的。若能在土卫六上找到生物分子，无疑有助于解开这个谜。

科学家预见到土卫六上异乎寻常的景观，如甲烷大雨滴，几乎1厘米的直径，它慢慢地从红蒙蒙的天空降下，这是因为这里的引力小，自然过程中的某些运动节奏都很缓慢；人们还可看到喷泉喷出的乙烷"水柱"，高耸入云；直升机可精确地降落在悬崖的顶端，观看乙烷巨浪如何冲击海岸。

在行星探测中要跨出新的一步，绝不是繁琐小事，而且还要相当的耐心。拿"卡西尼"来说，远在18年前，研究者就提出了第一个实施方案，但由于许多因素，一拖就是十多年。洛氏希望科学界关注第二次探测，并促使NASA对此进行一次详细的技术性研究。直升机重100千克是否可行？它是否需要一个中转无线电通信的中继卫星？经费需要多少？整个探测工程的核查是一个冗长的过程，可是你想一想，那土卫六上铺着众多的有机物，甚至生命，当我们面对着这个可能解开生命起源之谜的宝库，我们所付出的这些努力又算得了什么呢？

二　迷蒙笼罩的月球

随着望远镜的发明，月球变得离我们越来越近。但它离我们越近就愈使我们感到费解——几百年来，几代天文学家曾先后发现月球上有神秘的闪光、条纹状发光带以及被雾气笼罩的昏暗区域。可以说，月球上出现的各种神秘现象和发生的离奇事件不是与日俱增，而是每时每刻都在增多。

根据同地外高级智能生命有过接触的人透露，地球上的人是1460万年前出现的，这也就是地球上的第一次文明，而第二次地球文明是在880万年前开始的。因此，可以认为月球完全是在不久以前出现在地球周围的。甚至有人认为月球是一个人造天体，建成于十多万年前，月球是在太阳系内离土星不远的地方"诞生"的。而在月球的建造过程中，对月球的组装、拖运以及最后将其固定在绕地轨道上的浩大工程是由一个具备某种先进技术的地外文明完成的。现在，从世界各地每天都传出关于月球上的UFO的最新消息。月球，这是一个充满奥秘的神秘天体，月球上发生的诸多怪异现象和神秘事件早已引起人们的关注，科学家们正致力于这方面的研究，以期早日揭开扑朔迷离的月球之谜。

在同外星高级智能生物的第四类接触中，地球人如梦方醒：

图 2-3 月蚀期间呈淡红色的月球

原来，月球并非地球的天然卫星，它是 10 多万年前地外文明建造的一个人造天体，许多来自地外文明的类人生物早已在月球上建起科学实验室和航天基地，地球上的几十名科学家正在其中的某些实验室里工作，古往今来的大量事实已无可辩驳地证明了这一点。

月球的秘密

　　1178 年 6 月 18 日，英国小镇坎特伯雷。这天晚上，满天星斗，明亮的弯月出现在西部天空，许多人出来赏月。正在这时，赏月的人们突然发现，在月牙圆弧的上边缘忽然出现一道裂缝，然后从这一裂缝中喷出耀眼的火舌，这火舌向四周蔓延又分裂出许多分支的火焰和四处飞溅的火花，喷出的火舌犹如一条受伤的蛇绵延弯曲地跳动着。这一奇异现象一直持续了一个月。一个月后，这一现象渐渐消失，月亮又恢复了往日的平静。1715 年 5 月 3 日，格林尼治时间 21 时 30 分，法国天文学家耶·卢维尔在月球西部边缘发现一连串奇怪的闪光现象，好像有人在那里点燃导火索一样。这种蛇形闪光时而出现在这里，时而出现在那里，不久便消失了。这种闪光的"蛇"每次都是从月球的阴暗面某处钻出来的，英国另一位著名天文学家埃·加利也同时观测到这一奇异现象。1787 年 4 月 18 日夜晚，著名的天文学家维·盖舍尔在观测月球阿里斯多德环形山附近时，发现一些奇怪的浅红色光斑。此外，在这一地区他还记录下 112 次各种奇异的光学现象，在普拉顿环形山、施雷泰尔各地和危海地区也出现过类似的光学现象。1870 年，英国月球学家格·埃泽尔通过天文望远镜观测记录每一个斑点，它在月球柏拉图环形山的谷底运动。1871 年，英国天文学家比特在月球柏拉图环形山中观测到若干几何形状规整的物体在运动着，它们还发出光信号。此外，月球上还多次出现一系列类似的怪异现象：某些环形山、围墙式建筑物和巨大的拱形物时隐时现。月球上有时还出现颜色不同且迅速延伸的堑壕，其延伸速度达 6 千米/小时。1874 年 4 月，布拉格的天文学家沙法利克发现一个极耀眼的发光体以惊人的速度飞离月球，转眼便消失在宇宙深处。1896 年 6 月和 7 月，发现一个巨大的神秘飞行物从月球旁掠过。

在过去的 500 年里，共发现月球上转瞬即逝的各种怪异现象多达 400 起，而一直到 20 世纪 20 年代，天文学家才着手对月球上的怪异现象进行专门研究。天文学家对月球进行研究时发现，在月球埃拉托斯芬环形山中有某些深色斑点做周期性运动。然而，这并非那些深色斑点固有的规律性运动，因为这些斑点有时还朝相反方向运动，其每天运动 2 千米。一名美国天文学家把月球上这种深色斑点的运动解释为月球上的喜光动物群的大迁徙，但绝大多数月球学家把月球上斑点的这种周期性运动解释为月面光效应和地貌特性所致。

1943 年 5 月的一个清晨，一支苏联部队正在行进中。突然听到队伍中一名士兵大声喊道："快看，月亮暗区中部有一个光点。"这时，大家举目向月亮望去：在月亮暗区的旁边正好有一颗奇特的亮星，它一动不动地悬停在那里，眨眼之间又运动起来，并渐渐离开月球的圆面绕过月球远离而去。1955 年 8 月中旬，苏联一名天文爱好者用自制的天文望远镜对月球观测时发现，在月球圆面上方距其边缘约 350 千米的地方有一个飞行中的发光体，它相当于一个 3 等星的亮度。当发光体用四五秒钟时间飞至 1/3 月球圆面的位置时，却突然又沿着一条急转的轨道降落到月面上。1956 年 11 月 26 日，许多天文学家同时观测到月球上出现的一种离奇古怪的现象：这一天，月面上突然出现一个闪光的巨大十字架，天文学界称为"马耳他十字架"。

"阿波罗"计划中的奇遇

NASA证实，共有 25 名参加"阿波罗"月球考察计划的美国宇航员遇见过UFO。美国"阿波罗 8"号、"10"号、"11"号和"13"号月球飞船共记录下 186 起月面出现的变幻不定的怪异现象。

1969 年 7 月 16 日清晨，载着"阿波罗 11"号飞船的运载火箭在美国肯尼迪航天中心 39A 发射台点火升空。几小时以后，飞船进入飞向月球的预定轨道。飞船上的宇航员尼尔·阿姆斯特朗，

图 2-4　奥尔德林在月球上留下的鞋印。这是一个测试月球表面风化层的实验的一部分

◁ 图 2-5　1969 年 7 月 16 日，装载着"阿
　　　波罗 11"号的"土星 5"号

迈克尔·科林斯和巴兹·奥尔德林向地面报告：他们驾
驶的宇宙飞船受到某些神秘"光球"的严密跟踪，它们
迫使"阿波罗 11"号飞船多次改变航线。1969 年 7 月
20 日，"阿波罗 11"号飞船在月球静海地区着陆后，美
国休斯敦航天控制中心又收到令人不安的报告，并将宇
航员这一直接来自月球的报告向全世界进行了实况转
播："我看到月球上新出现许多小环形山，它们的直径
在 6~15 米，在离我们约 0.8 千米的地方还发现很像坦
克留下的履带辙迹。不久，这里又出现一些巨大的神秘
物体，它们就在环形山的那侧。这些怪物好大好大。天
啊，他们正在那里监视着我们。"突然，数百万美国电
视观众听到很像火车头呼啸和电锯工作时发出的奇怪
声音，这时，NASA 负责人对着宇航员担忧地问："你们
是否有把握同他们联系上？"飞船上的宇航员检查了
一下无线电发射机，他们发现这种神秘信号来自另一个
地方。于是，宇航员阿姆斯特朗改用另一个频道同休斯
敦航天中心进行联系："这是什么？我想知道事情的真
相——这究竟是什么？"

　　NASA 的负责人对月球上究竟发生了什么也一无
所知。又过了 5 个小时，当紧张气氛有些缓和时，阿
姆斯特朗和奥尔德林终于决定走出飞船，但在他们离

图 2-6 "阿波罗 11"号的宇航员，左起:阿姆斯特朗、科林斯、奥尔德林

开飞船之前提醒留在飞船上的科林斯:随时准备迅速逃离月球。可出人意料的是，阿姆斯特朗在飞船出口给卡住了好半天。这时，地球上的电视观众能听到从太空中传来一阵呼呼的喘息声和嘈杂声，最后终于听到宇航员阿姆斯特朗沿飞船舷梯登上月球表面的脚步声。

"阿波罗 11"号飞船在月球上的着陆地点距萨宾环形山约100 千米，美国天文学家哈利斯和克罗斯曾通过地面天文观测在这一环形山附近发现过浅黄色闪光。登月的美国宇航员在着陆地点发现，这里的部分土壤被烧熔过，但这并非登月飞船着陆时发动机所致。美国研究人员格尔德教授对从月球带回的这种被烧熔的土壤进行化验分析和研究后认为，这些月球土壤至少在10万年前被一种亮度大于太阳亮度100倍的大功率射线辐射过，其连续受辐射时间在10~100秒。不过，土壤熔化的范围不大，似乎这种未知的射线是在与月面相距很近时对其发挥作用的。但有一点是确定无疑的，这绝非陨石撞击留下的痕迹，因为那里没发现陨石坑。

美国宇航员在后来的登月考察中，在月面发现另一种与这种烧熔土壤有些相似的物质。土样运回地球后，经化验分析发现，这种物质的性能十分奇特，是一种由烧结后凝集而成的玻璃颗粒组成的物质。要知道，玻璃的熔点约1500℃。

1967年，电视台现场直播美国登月飞船在月面采集月岩标本的镜头。观众们从电视屏幕上清楚地发现，在一种未知的神秘力量的作用下，登陆飞船着陆器上的取样机铲斗中的土样曾几次脱落。令人费解的是，当月面上的摄像机拍摄取样机采样未获成功的镜头时，摄像机无论用什么速度拍摄都未获成功：在一个镜头中取样机中有土样，而在下一个镜头中取样机中却没有土样。这里究竟发生了什么？难道是"风"在作祟？这不可能，因为月球没有大气层，风从何而来？难道发生了月震？这更不可能，因为登月飞船上负责此项检测任务的测震仪传感器并未记录到月震——飞船上的摄像机纹丝未动。

1969年11月14日，"阿波罗12"号飞船飞向月球时，那些发光的不明飞行物多次绕道而行，在远处跟踪飞船，进而使"阿波罗12"号飞船毫不停息地在月球风暴洋着陆。万幸的是，飞船丝毫无损。飞船指令长查·坎拉德兴奋地高呼："我们太走运了。他们对我们很友好。"他们按照"阿波罗12"号登月飞船的月球考察计划，在月面装设了实验综合系统，该系统包括月球磁场测录仪、月震仪和宇宙射线检测仪等。电池独立供电系统计划够用一年，可这套综合实验系统的工作时间却神奇地大大延长了。但到1976年1月18日，月面实验综合系统却突然停机。电池放电时，信号逐渐减弱，月球同地面的联系瞬间中断了。美国休斯敦航天中心的设计师们花了一个月时间试图找到月面实验综合系统突然神秘停机的原因。正在这时，月面实验综合系统却又神奇地自动恢复工作，并开始向地面传送月球上的实况，图像较过去更清晰了。然而美国休斯敦航天中心的专家们对这里发生的一切无法做出明确的解释。

各种可能都会出现：或许事情本身根本不像我们所想象的那么复杂，是"聪明"的自动装置自行排除故障后恢复工作；也许有什么人在月球上暗地里捣鬼，蓄意干预这项月球考察计划。当时，美国研究人员、计算机图像专家里·霍格兰德对行星探测器从火星发回的照片做了详尽研究，发现了一些很像埃及金字塔形状的奇特建筑，而且，他又幸运地发现了月球上也有这些类似埃及金字塔一样的建筑。霍格兰德认为，在月球危海地区能清晰地看到一座圆顶盖坍塌的城市。此外，从NASA拍摄的大量月面照片中，还能清晰地辨认出类似拱形建筑和台阶一类的设施，甚至还能看清月球上有一台巨大无比的挖掘机的铲斗。然而，继此之后，"阿波罗12"号飞船乘员却不太走运，他们却受到一些神秘"火球"的跟踪，但类似跟踪事件主要发生在月球上。

美国"阿波罗15"号飞船在月球上着陆后，宇航员走出飞

图 2-7 "阿波罗 15"号飞行在月球轨道上

船着陆舱，他们对月球上的海德利堑壕仔细观测了 6 个多小时，就在宇航员观测的这段时间里，不知从哪儿来的十多升水流进已失去密封状态的着陆舱的地板上。当宇航员返回着陆舱时发现舱内的地板上出现一汪水。根据地面指令，他们把涌进舱内的水用纸袋舀出舱外。有些专家对月球上那很像干涸河床的弯弯曲曲细长的辐射纹进行研究后得出结论，月球上曾一度有过许多水。也许，现在月球上的水可能积蓄在某个地方。种种迹象表明，昔日的月球上可能曾有过生命或智慧生物。现在他们还仍旧存在吗？美国学者弗·斯捷克林格在经历了长达 12 年的月球照片分析和研究后，对这一问题做出了完全肯定的回答。他对拍摄的 125 张月面不同区域的照片进行了研究，进而发表了专著《我们发现了月球上的外星人基地》。弗·斯捷克林格证实，自德国天文学家帕·格鲁杜伊捷克 1822 年在月球斯列泰尔谷地附近发现几座"城市"以来，登月美国宇航员在这一地区经常观察到好像人造的飞行物。研究人员从美国"阿波罗 15"

号月球飞船拍下的月面照片中发现一座高 180 米、宽 90 米的类似拱桥式的建筑。1972 年 4 月，美国"阿波罗 16"号飞船指令长仲·扬格驾驶越野月球车开进德卡特环形山地区，他在月球尘中发现一个距今已有几十亿年的玻璃棱镜。此外，在格里马尔基环形山北部边缘和东海之"滨"也曾发现过耀眼的闪光。1972 年 12 月 15 日，美国"阿波罗 17"号飞船离开地球卫星轨道飞向月球，美国 12 名登月宇航员中最后一个登月的是地质学家哈·施密特。他同指令长尤·塞尔楠在月球亮海的边缘捡到一小块橘黄色玻璃片，其来历尚不清楚。此外，他们在格里马尔基环形山北部边缘和东海之"滨"也曾发现过耀眼的闪光。

 ### 三 月球从何而来？

美国学者简·利昂纳德在他所著《我们的月球上还有何人？》一书中写道："从我所收藏的照片中已明显表露出：月球上确实有生命。无论如何也不能否认，月球早已被某个或某些智能种族所占领。看来，他们并非太阳系的居民。这些智能生物的渗透行为无处不见，他们的活动已使月球的外貌和景观发生巨变。"简·利昂纳德在一张月面细微照片上发现，一个很像巨大的运动着的平板车的物体位于一个似乎是用工业手段建造的某种类似飞行库的结构物旁边。有三个桅帆形场地突出于那个类似飞机库的结构物的外边缘，类似大平板车的前部被那圆形鼻首装饰得十分美丽。总之，这个机库式结构物在照片的平面图上呈正椭圆形。在借助显微镜对照片进行研究时发现，沿机库式结构物的切面可看到类似多足动物那种分节的腿足式绒毛状突起物。随着对美国航空航天局照片的深入研究，简·利昂纳德编制出分布在月面、月球狭谷和环形山中的巨大机械装备的一份长长的清单。美国物理学家、天文学家、照片破解专家萨·维特阔姆博士指出，应彻底摒弃我们对月球的传统观念，支持这一观点的论据是什么呢？迄今已知，科学家们对月球起源众说纷纭，莫衷一是，但无论哪一种假说，都不能使所有的现存事实与天文观测自圆其说。对月球上某些环形山周围的岩石和砂子的化学分析表明，月砂比月岩还古老1亿年，即月砂的年龄为3.5亿年，而月岩的年龄则为2.5亿年，由此可得出一个荒唐的结论：岩石来源于砂子，而不是砂子产生于岩石。有人认为，月球是由宇宙尘埃和原始星云物质构成的，地球和太阳系其他行星就是由这些物质构成的，因此，月球和地球是同时诞生的两个"孪生兄弟"。

还有人认为，月球是被地球"俘获"的一颗小行星。更有人认为，月球是地球的一部分，是地球的一个大碎块。另一些人则认为，月球是昔日的"艾法东"行星，它是被拖运到这里的，以"纪念"超智慧宇宙文明，似乎有人故意把月球"安排"到与地球保持一定距离的最适宜的位置上。而日本学者种竹泽夫教授却提出另一种理论认为，月球是个"天外来客"，后来它才被地球的强大引力"拉"到绕地轨道上。以日本早稻田大学名誉教授为代表的一个科学家小组根据上述理论提出：绕地球旋转的月球从前是太阳系行星家族中的一个行星成员。按照这些假说和推断，很早以前，月球可能是在接近地球时被地球"俘获"的。迄今为止，科学家们仍然认为，月球原来是绕太阳旋转的，它的轨道大概处在地球与金星之间。尽管月球的最大直径为 3476.2 千米，这大约是地球直径的 1/4，但月球的质量却仅是地球质量的 1/81。这一事实表明，构成月球的岩石密度或许小于地球的岩石密度，或许月球是一个中空体。有些科学家认为，月球的年龄为 31 亿~39 亿年。而有些研究人员则认为，月球的年龄超过 46 亿年。目前，月球内部的某些装置已停机，但还有另一些装置仍处在自动工作状态。自这个"人造"月球诞生之日起，在其表面及其防护层内一直发生着自然的地质过程。地外文明建造的月球是用于监视我们地球上生命的演化和发展进程的基地，所以，在月球内部已出现许多设施——实验室、研究中心和住宅群。不过，月球本身的出现导致了地球的悲剧——水灾、火山爆发、地震和明显的地球变化。须知，地球上一种新气候条件的形成需要 5000 年时间。如果在月球前时代地球自转一周是 18 小时，那么现在地球自转一周所需的一昼夜时间恰好是 24 小时。不过，这一点今后有可能延长我们地球人的平均寿命。然而，月球不仅能对生物界产生影响，还能对我们行星的矿物成分产生影响。所以，有关月球的形成史及其对地球和人类的意义真够写一部辉煌的史诗。

古往今来，月球上发生的扑朔迷离的超自然现象，早已引起各国政府和科学家的极大关注，来自月球的种种迹象表明，外星人监视地球人类进化和发展的宇宙战略是蓄谋已久的。他们已在预先建好的人造天体:月球内部装设了各种用途的设施，以便随时监视和应对地球人类的动向。

第三章

生命的De

SHENGMING
DE QIJI

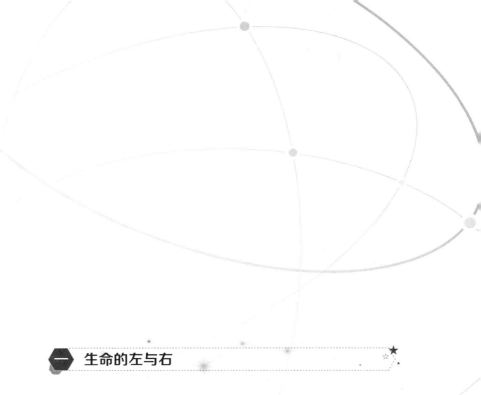

一 生命的左与右

　　否认神秘不等于我们与天空没有某种紧密的联系。构成我们肉体的重元素是几十或上百亿年前在恒星的热核反应炉里产生的，曾经历过超新星爆发等种种剧烈的天文事件。生命的种子也可能是天外来客播撒到地球上的，这个听上去很科幻的假说近年来正越来越受到科学家的认真对待。播种的使者可能是陨石、彗星，甚至可能是地外智慧生命派遣的飞船。

　　只是，与小说家和电影人绘声绘色以赚取观众的注意力与金钱不同，科学家在"证据"的问题上十分小心，就像他们这个行当一贯遵循的那样。最近，对一块著名陨石的研究使他们又前进了一小步，更加确信地球生命最初的模板来自外层空间的可能性，而且生命在左右问题上最初的偏转，也可能是承袭自茫茫太空中某一缕光芒的偏向。

左边？右边？

　　对我们来说，上与下、前与后很容易分辨，左与右则是一个有趣而稍显复杂的问题。你向对面的朋友示意"左边脸上沾了饭粒"，他往往并不能立即找对方向。很多小孩子分不清自己的左手与右手，除了抓住他的两只手说"记住了，这是左，这是右"之外，你还能想出什么更好的方法来向孩子解释左与右的分别？"靠近心的一边为左手"对绝大多数人适用，但一个不仅外形对称，心肝肚肠也不偏不倚的生物，又会如何来认知左右呢？

　　分子世界里也存在着左右的问题。一些物质以两种不同形式存在，两种形式的分子由完全相同种类和数目的原子形成，但分子结构并不完全相同，而是互为镜像。"镜像"这个词很难下定义，但很容易解释。想象一下面对镜子的情景，你与镜中的自己就互为镜像：几乎完全相同，除了左右相反。基本上，人的两只手互为镜像。一种左右对称的东西，与它自身的镜像是一样的，比如说一个等腰三角形（之所以不举圆或正方形之类更简单的例子，是因为它们对称的太厉害了，不仅仅是左右对称而已）。

　　现代科学对物质分子左右特性的研究，正式开始于路易·巴斯德。这位微生物学之父并不只对微生物有兴趣，他年轻时对物质晶体使光的偏振方向发生偏转的问题十分着迷。光是一种电磁波，自然像所有的波一样有着振动方向的问题。想象一下，抖动一根绳子时，上下抖动与左右抖动产生的波是不一样的。

普通光源发出的光，什么振动方向的都有，各方向大抵均匀。只在一个平面内振动的光，称为偏振光。偏振光通过某些物质的晶体后，振动方向会发生改变，即这种物质具有旋光性。

巴斯德发现，酒石酸拥有一种镜像物质，它们彼此的旋光性相反。他在 1848 年、年仅 26 岁的时候，发表了有关的论文。此后有许多科学家对此进行了研究，得到了好几个诺贝尔奖。开尔文勋爵将物质的这种特性命名为"手性"（源自希腊语的"手"）。我们通常把物质的两种形式分别称为"左手性的"和"右手性的"，也称"左旋的"和"右旋的"，它们互为"对映体"（源自希腊语"相反的形状"）。

同一物质的左旋体和右旋体，化学性质也可能不同。一个典型的例子是现代医学史上最大的灾难：防止孕妇呕吐的药物"反应停"。它行销数十个国家，导致成千上万的畸形婴儿出生。最终发现，它的成分酞胺哌啶酮具有手性，其中左旋体有镇静剂作用，右旋体则会造成畸胎，而在销售的药物中，左旋体与右旋体含量各占一半。也有甜蜜可爱或芬芳宜人的例子：某种物质的左旋体是比蔗糖甜百倍的低热量甜味剂阿斯巴甜，右旋体却是苦的；左旋体的薄荷醇有好闻的香味，右旋体的则没有。

生命的偏好

左与右在意识形态或文化领域中有褒贬意味，通常说来似乎右要好一点。中国人把乱七八糟的东西称为旁门左道，看法不合叫意见相左，流放贬官叫左迁。英语里"右"与"正确"是同一个词"Right"（当然这种褒贬不是一成不变或各处相同的。

日本古代的左大臣职位比右大臣更高；信陵君赶着马车去见大梁城的看门老头侯嬴，要"虚左"，因为车骑左边是尊位——或许是坐在左边比较不方便驾车的缘故吧）。生命本身也不是左右公平的。无论地域、民族和文化如何，人类中总以右撇子居多，右手比较有力而且灵巧。绝大多数人心脏长在左边。不过这个左与右的故事要讲到的，是分子水平上的事。这与右撇子或心脏问题是否有某种联系，我可不敢说。

生命体的许多功能都靠蛋白质来完成。蛋白质是大分子，由氨基酸的"砖瓦"构成，这些砖瓦共有 20 种。除一种氨基酸没有手性，其余 19 种都可以有左旋体和右旋体两种形式。非生物反应产生的左旋体和右旋体氨基酸是等量的，它们也差不多同样稳定。但生命体中的氨基酸几乎全是左旋体的。某些低级病毒含有右旋体氨基酸，那是极少数无关紧要的例外，生命无疑对左旋体氨基酸有强烈偏爱。另一方面，天然的糖可以是左旋体或右旋体的，但参与生命过程的糖，都是右旋体的，包括组成生命遗传物质——DNA的脱氧核糖。

我们不能吸收右旋体的氨基酸或左旋体的糖，在亚瑟·克拉克的科幻小说《技术错误》里，一个人发生了左右反转，无法吸收食物的营养，面临饿死的危险。不过在现实里，生命的这种偏好有时并非坏事，比如我们可以享受阿斯巴甜的甜味，同时不必担心发胖或加重糖尿病病情。

右旋体糖的单一性，使DNA的双螺旋朝单一方向旋转，称为右旋。关于右旋的定义，想象豪华建筑里那种巨大的旋转楼梯，如果你往上走的时候总是在向左转，那么这个楼梯就是右旋的。左旋DNA只是近年来在实验室里被合成过，并不存在于生命体里。但是，无数书籍插图、街头雕塑、闲言絮语乃至学术文章，都曾弄出左旋DNA的错误，包括曾经首次发表双螺旋结构论文的英国《自然》杂志。某个版本的《双螺旋》——DNA结构发现者之一詹姆斯·沃森的自传——封面和封底上印着左旋的双螺旋，这想必并非因为沃森本人是左撇子。

人类喜欢认为对称表示完美，不对称的东西即使好看也要称为"缺憾美"。我们还觉得许多自然现象"应该"是对称的，如果发现了不对称，就管它叫"对称破缺"。生命对左手型氨基酸和右手型糖的偏爱、DNA固执地右旋，被称为生命的对称破缺。一些科学家认为这种对称破缺的起源是物理上的，比如宇称不守恒导致左右分子的稳定性有差别。另一些人则提出，生命左右倾向性的起源，是由于某些天文事件发出的偏振光有选择地毁坏了"生命种子"中的某一部分。

我们都是外星人？

生命的种子源于太空，这样的"宇宙胚种说"曾经在 19 世纪颇为流行，得到许多科学家的青睐。不过进入 20 世纪后，大家逐渐对这种假说不满意了。虽然胚种说仍有DNA双螺旋结构发现者之一弗朗西斯·克里克这样的大人物支持，但许多人觉得，这只不过是把生命起源的问题换了个地方，由地球转移到太空中，并没有解决"第一个生命分子如何出现"这样的根本问题。这种怀疑是有道理的，但是，胚种说对生命起源并不是全无意义。如果找到生命种子源于太空的证据，对我们推断生命起源与演化的过程、寻找其他星球上的生命会有很大启发。

人们曾经认为，宇宙射线轰击下的漫长星际航行，对生命来说是不可承受的。但越来越多的证据表明，微生物能够在非常严酷的环境下存活，在以孢子状态休眠时，如果得到适当保护，可以生存上亿年，一旦遇到合适条件就苏醒过来继续生长。另外，人们也从陨石里发现了生命必需的一些有机化合物分子，甚至有人声称发现了微生物遗迹。陨石中发现生命痕迹的声明，迄今并没有哪一项得到普遍承认，科学家认为那些痕迹更可能是非生物过程产生的，或地球生命的污染。但支持生命的 20 种氨基酸确已有 8 种已经在陨石中被发现，其中最有名的陨石是默奇逊陨石。

1969 年 9 月 28 日，一块陨石在澳大利亚墨尔本以北约 100千米处的默奇逊小镇上空解体。它改变了我们对宇宙有机分子的认识，许多人现在还在靠研究它的碎片吃饭。尽管这并不是人类第一次在陨石中发现有机分子，但以前研究的陨石坠落在地球上已经很久了，而默奇逊陨石虽然形成年代几乎与地球一样古老，却是最近才到达地球的。许多人目击到它的坠落，当地居民立刻将碎片收集保存起来，最低程度地减少了地球生命过程对陨石内部的污染。它坠落的时候正是"阿波罗 11"号飞船登陆月球之后两个月，美国航空航天局研究月岩的实验室很快对陨石碎片进行了研究，首次找到了氨基酸可产生于地球之外的有力证据。令人震惊的是，它所含的氨基酸竟然以左旋体的占多数，与地球生命现象类似，而传奇的米勒实验尚且只是生成了等量的左旋体和右旋体氨基酸。

开左灯，向右转

最新的证据仍然与默奇逊陨石有关。美国亚利桑那州立大学的科学家皮扎雷洛等人在美国《科学》杂志上报告说，他们模拟了陨石落在数十亿年前地球表面的"原始汤"中产生的反应，发现如果陨石携带有更多的左旋体氨基酸，这种左右倾向性会在接下来的化学反应中传递下去，使得产生的更复杂分子或生命分子也有倾向性。也就是说，陨石带来了本来就有倾向性的"模板"，由此催生的地球生命，也就具有了对左右旋体分子的偏好。

默奇逊陨石中含有一种称为异缬氨酸的氨基酸，其中左旋体分子比右旋体的要多，皮扎雷洛等人参照其比例调配了反应试剂。结果发现，异缬氨酸与两种原始地球上可能广泛存在的有机物发生反应后，产生了一种称为苏糖的糖类，其中右旋体的苏糖比左旋体的苏糖要多。也就是说，结构倾向性从氨基酸传递给了糖，更多的左旋体氨基酸，促使产生了更多右旋体的糖。苏糖是生物体内常见的一种糖。皮扎雷洛认为，生命体糖类的"右旋"特性，有可能就是这样开始的。

苏糖可以进一步反应生成称为苏糖核酸（TNA）的物质。TNA与DNA有些相似，也能形成双螺旋结构，但比DNA简单。此前曾有科学家提出，生命有可能最初使用TNA为遗传物质，后来进化到使用DNA。新研究为TNA及DNA螺旋方向的起源提供了线索，也为更准确判断生命乃至文明在宇宙中的普遍性提供了线索。

右手只能与右手很好地相握。对称破缺一旦产生，维持与扩大是很容易的，无须精心安排。生命的盛宴上，最先动手的客人偶然拿起了左手边的筷子，他的邻桌也就自然地拿左边的筷子，规则就这样产生，并传递了下去。说不定有一天，我们会在宇宙间遇到右旋氨基酸系统的智慧生命，饶有兴味地共同探讨左右的问题，只可惜不能互相请吃饭。

二 寻找生命的奇迹：追寻火虫

雷根斯堡大学的微生物学家卡尔·奥托·斯台特的研究对象是那些热气弥漫的间歇泉、岩浆遍布的火山和神秘的古老湖泊。他所寻找的生物既存在于沙漠之中，也栖息于深邃的海底，它们是最古老的生命形式。最早，人们是在海底火山的边缘，海下 4000 米处发现这些在高温中生长的古生菌的。但是，它们也能在海拔 5000 米的高度之上生存吗？斯台特教授领导的研究小组来到智利境内的安第斯山脉寻找答案。

要追寻地球历史上最古老的谜团不是一件容易的事。人们想知道，在 30 亿年前，这些古老的微生物是如何在荒凉原始的地球上生存下来的。

很长时间以来，生物学家一直认为没有任何生物可以在沸腾的熔岩中存活。斯台特希望能在智利找到生命最初的构成要素，他所寻找的目标就是无法为肉眼所见的古生菌。斯台特解释说："实际上，古生菌看上去和其他细菌非常相似。就是说，它们也非常非常小，直径只有千分之几毫米，无法为肉眼所见。但另一方面，它们也极其特别。这是因为，古生菌的整体结构

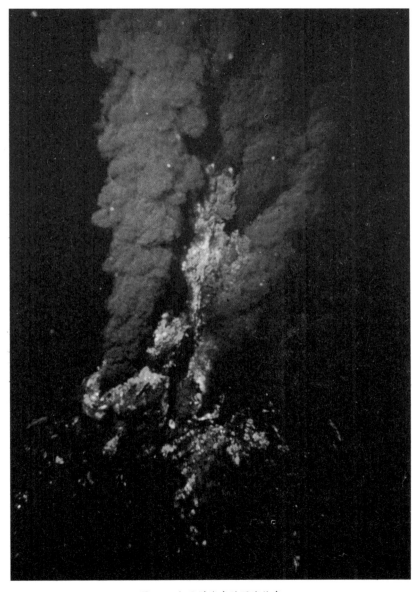

图 3-1 大西洋海底的深海热泉

与构成我们人类身体的细胞结构非常相似，这是非常重要的一点。"这些原始微生物是我们最古老的亲戚，通过它们，人类在医学和基因研究方面也许会进入一个前所未有的时代。斯台特亲切地将它们称为"火虫"。

斯台特的研究在地理学和微生物学方面都属于一个全新的课题。微生物学的研究对象是细菌、真菌和病毒这些微型生物，迄今为止，斯台特教授是第一个来到这里寻找"火虫"的科学家。

在智利境内，有超过两百座的火山，其中大部分是活火山，这对斯台特的研究非常重要。他要寻找的"火虫"，存在于温度极高的环境中。他相信这种细菌会在微生物技术方面得到极大的应用。

人类发现了能够在100℃以上的环境中生存的生命，从而使我们对地球原始生命的认识发生了革命性的变化。既然"火虫"能够在高温中存活，这些沸腾的地热泉中也可能存在它们的踪迹。这种微生物要在60℃以上的水中才会觉得舒服自在，而人体温度达到42℃以上，就会有死亡的危险。

为"火虫"提供养料的池水是从火山深处涌上来的。那里充满气态氢和碳酸，当然，这也是水一直冒泡的原因，而且这些都是"火虫"最爱吃的"食物"。

在海拔4300米的地方，斯台特发现了一处沸腾的盐池，含硫的雾气漂浮在水面上。斯台特想从水中取样，带回雷根斯堡的实验室。斯台特小心翼翼地靠近冒泡的泉水，因为这里的盐壳厚度极不均匀，随时有掉下去的危险。在这个高度，水到85℃就会沸腾，所以他找到"火虫"的尝试很有可能成功。在取样之后，斯台特静静地等待着一位美国同行的到来。

斯台特利用等待的时间开始了自己的研究。在这片荒野中，他与他的同事、耶鲁大学的生物化学家迪特·索尔取得了联系。索尔也是位基因学家，研究原始生物的生长过程。晚上，研究小组在当地人的引导下，来到了伊鲁普滕库火山脚下。第二天一早，他们就会爬上山顶，在那里寻找"火虫"的踪迹。

一夜过后，斯台特一行一早就开始向山顶进发。终于，他们看到了前面冒烟的山口，此时的高度已是海拔5200米了。亮黄色的火山口烟雾弥漫，这样的环境对于古生菌来说最为适宜，但这里的气体对于人类来说则极为危险。因此，研究小组根本无法得到样本。大家都失望不已，但斯台特教授认为，他一定能找到那些孜孜以求的东西。

当天晚上，温度降到-10℃。大家的情绪都低落到了极点。在这片广阔而荒凉的土地上，要到哪里才能找到想要的样本呢？于是，研究小组与一架直升机取得了联系，希望能从空中对这片地区进行搜索，找到那些有可能存在"火虫"的区域。

不久，在原始地貌的中间，斯台特一行发现了一大片间歇泉。在将近2平方千米的土地上，遍布着近一百个大大小小的间歇泉，其中一处甚至喷射到了将近15米的高度。那么，在这里，斯台特寻找"火虫"的旅程真能就此画上句号吗？

研究小组穿越了长达80千米的死寂地带到达了那里。世界上海拔最高的间歇泉展现在了他们眼前。这些间歇泉为喜欢在高温中生存的微生物提供了理想的环境，而这里的环境与原始地球也非常相似，斯台特简直欣喜若狂。这些沸腾的间歇泉很可能就是"火虫"的诞生地。"火虫"的基因组包含了地球上早期生命的重要信息，从而能让我们进一步了解植物、动物和人

生命，宇宙的瑰宝

图 3-2　1982 年 5 月 19 日，圣海伦火山爆发时 1 千米高的浓烟

类的起源过程。间歇泉的热力来自地下深处，岩浆使水温升高，而地下巨大的压力则使泉水喷射而出。

斯台特认为，在地下几千米的深处，存在着一个不为人知的微生物世界。他开始从沸腾的泉水中提取证据。

斯台特开始观察一滴危险的间歇泉泉水，这滴泉水的颜色发生了变化。他以前从未见过这种现象，这说明水里有毒，里面含有砷这种物质。在显微镜下，斯台特看到了一些很细的线条，他认为其中可能就存在着"火虫"。不过这些东西实在太小，用普通的光学显微镜很难将其辨认清楚。

间歇泉喷出的矿物质经过很长时间堆积成石笋，那是"火虫"生长的好地方。"火虫"对于医学研究非常重要，因为它们的基因结构与人类相似，也许能够用作基因合成的载体，而普通细菌是不能用在这方面的。索尔希望能借助斯台特在这个偏远地方找到的"火虫"，挖掘出关于人类细胞活动的新知识。

斯台特对"火虫"的研究，在不久的将来，也许会引领人类医学进入一个无法想象的全新领域。但是，把"火虫"分离出来需要相当的技巧，而且样本的准备就需要几周时间。最终，期待已久的结果出来了。在激光显微镜下，"火虫"逐渐显现出来。

仅从"火虫"的T形分支结构来看，就知道这些东西肯定是古生菌。紧接着，研究人员又有了更令人震惊的发现：其中的一种"火虫"竟然能以高氯酸盐为食，那是一种军工危险品。而且，这些"火虫"还能消化铁质，这个特点可以用来开发生物防锈剂。

这真是艰苦异常的过程，每个人都付出了相当的努力。研究人员有了一些新的发现，在生物分类上也取得了更为深入的进展。虽然他们了解的不多，但至少，他们发现的都是全新的生命形式。

只要在实验室里能人工复制出火山、间歇泉或深海的环境，就能实现"火虫"的再造。每培养一只"火虫"，就能减少一次野外收集的消耗。有了人工培养法，再加上对毒性物质的强大消化能力，将来"火虫"在生物技术研究中一定能得到广泛的应用。研究小组还发现，"火虫"同样能在-270℃的超低温下生存，这就使研究人员能够得出更为大胆、但也更有科学根据的结论。

地球诞生后，温度逐渐降低，不过还没有达到生物生存的程度。但奇怪的是，地球生命却在相当短的时间内就出现了。因此有人认为，生命不可能诞生于地球，类似"火虫"的微生物也许是搭载着陨星，在超低温休眠的状态下来到地球，并最终成为所有地球生命的基础。比如火星，虽然它的表面不适于生命的存活，但如果进入火星深处，那里的温度就会高出许多。而且那里有水，"火虫"是有可能在那里存在的。这样的环境在地球上也存在，那就是位于地下4000米的地方。斯台特认为，"火虫"对于人类的起源有着极其重要的作用，我们与它们有着相似的基因结构，这意味着它们在我们祖先的出现过程中一定起到过关键的作用。这对于人类更好地了解自身的起源，以及研究我们生命的极限有着很重要的意义。

图 3-3 根据黑猩猩基因组计划的研究结果，黑猩猩和倭黑猩猩与人类具有较高
　　　的基因相似度，与人类有最近的共同祖先，从演化的角度看是现存生物
　　　中与人类最近的姊妹种。黑猩猩跟人类基因组的相似度高达 98.8%，大约
　　　在 600 万年前 "分家"

三 人与黑猩猩：相同与不同

三类黑猩猩

　　在动物园里与黑猩猩对视，是一件有趣但也有点恐怖的事。
我们可以立刻指出它与人的差别，但那与人相似的体形、灵巧
的手指、生动的表情，又让人难以否认它与自己的相似，不禁疑
心笼子的两边究竟是谁在看谁。明显的血缘关系使人类在自封

为万物之灵长后，慷慨地把各种猿和猴子一概纳入"灵长目"之列。但人又终究难以抛弃自己唯一的、特殊的地位，单独为自己建立了一个"人科"，这个科中如今还活在世上的物种，只有人属下面一个孤零零的智人种。其他的人科成员都已经消失了，比如南方古猿、尼安德特人和北京猿人。

在过去的几千万年间，高等灵长动物（这自然又是一种人本位的划分方法，越是像人类的东西，就越"高等"）家族开枝散叶，先后分离出了狒狒、猩猩、大猩猩等。人类的祖先与黑猩猩的祖先在 600 万~500 万年前分家，走上独立的演化道路，前者产生了我们，后者则在约 300 万年前分为两支，演变成现在的黑猩猩和倭黑猩猩（与普通黑猩猩相似，但体形更小、更敏捷）。这两类黑猩猩都生活在非洲的森林里，喜欢几十只在一起群居，有着相当复杂的社会结构，会集体狩猎。它们是与人类血缘最近的动物，也是除人类之外智力水平最高的动物。一些不以人类中心主义的科学家主张，应当把黑猩猩从猩猩科中分离出来，与人划归一科。在某种意义上，人类是第三类黑猩猩。

黑猩猩

还没有哪只黑猩猩发表演讲或写文章论述动物权利问题，但它们有许多特点可视为"简化版的人性"。它们懂得制造——不仅仅是使用——简单工具。很多人在电视里见过这样的场景：黑猩猩折取草叶或细枝进行加工，伸进白蚁巢穴引诱美食上钩。黑猩猩有感情，会为亲属的死亡感到悲伤，群体中其他的成员会慰问死者的兄弟；它们有自我意识，照镜子时知道里面那个家伙不是哪里来抢地盘的陌生黑猩猩，而正是自己；甚至还有移情能力，懂得设身处地揣测其他生物的想法，并据此做出自私或无私的行为。科学家成功地教会一只黑猩猩认识阿拉伯数字，它还会将数从 0 到 9 按大小顺序排列，并能记住多达 5 位的数。有的黑猩猩经过语言培训后，能听懂几千个英文单词，并能借助键盘等工具"说话"。黑猩猩与人类幼儿在智力上的相似程度，显然比外表的相似程度更高。

22 VS 21

　　基因组测序研究在媒体里热闹地反复出现，让这样一些数字为普通公众所熟悉：人与果蝇共享 60% 的遗传信息，与老鼠的相似度是 80%，与黑猩猩的相似度约为 98.8%。仅仅 1.2% 的差异，就决定了一个在笼子外面、一个在笼子里面；一个办奥运会、一个在树上跳来跳去；一个研究哥德巴赫猜想、一个数到 9 就很了不起；一个可以长成奥黛丽·赫本那样、一个全身披满黑毛；直立行走、复杂语言、科学和艺术、哲学和宗教……这些人特有的东西，其根源都可追究到这 1.2%。而在这 1.2% 中，又究竟是哪些具体的差异，在黑猩猩与人之间划出了界限？

　　美国科学家已于 2003 年绘制出了黑猩猩的基因组草图，但还不够精确和完整。在将黑猩猩与人这样的近亲进行比较时，很难说哪些基因差异是真的差异，哪些只是数据误差。在 2004 年 5 月 27 日出版的英国《自然》杂志上，一群来自旧大陆的第三类黑猩猩宣布，他们完成了对普通黑猩猩第 22 号染色体的测序。来自德国马普学会、日本理化研究所和中国国家人类基因

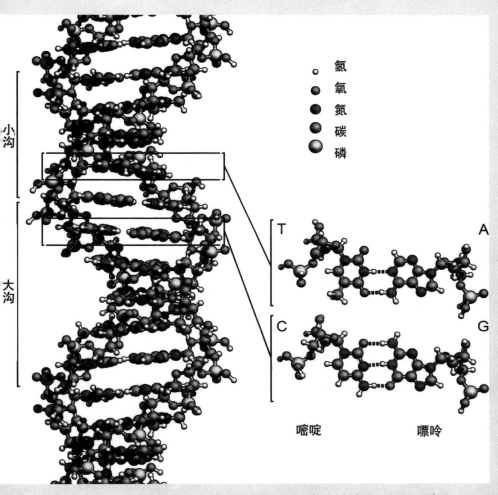

図 3-4　脱氧核糖核酸（DNA）的双股螺旋结构。在该结构中的原子是按元素进行颜色编码，还有两个碱基对的详细结构示于右下角

组南方中心等机构的科学家说，他们联合进行的这次测序，所得的数据足够精确，适用于与人类基因组进行可靠的比较分析。

　　人类有 23 对染色体，黑猩猩有 24 对——大猩猩也有 24 对，例外的是我们而不是黑猩猩。黑猩猩的第 22 号染色体，对应人类第 21 号染色体。对比显示，两者DNA序列上对应区域间单个碱基（遗传信息的"字母"）之间的差异为 1.44%，即"单碱基置换"差异。这个结果基本上在意料之中，平息了以前的一些争论。这次测序的错误率是每一万个"字母"错误不到一个，因此比较黑猩猩与人的两条染色体时，由数据误差而产生的差异，在全部"字母"差异中不足 1%。

但对比的结果更多的是意外。人和黑猩猩的基因组中，都有大片大片的"垃圾DNA"，它们不编码蛋白质，不会对生理功能起什么作用。以前人们猜想，人与黑猩猩的基因差异，可能大部分存在于基因组中的垃圾地带。也就是说，在真正起作用的基因中，两者的差异更小。然而这次研究显示，DNA序列有用部分的差异，并不比无用部分更少，至少在这条染色体上是如此。科学家检查了 231 个被认为起作用的基因，其中 83% 存在差异，影响到了它们所编码的蛋白质的氨基酸序列（蛋白质是氨基酸分子构成的长链）。不过微小的差异不一定影响到蛋白质的功能；有显著结构差异的基因约占 20%，有 47 个。黑猩猩的基因组总共约有 30 亿个碱基，第 22 号染色体上约有 3300 万个，占总量的 1% 左右。由此看来，如果基因差异在各染色体上分布均匀，那么人与黑猩猩可能有几千个基因存在显著差异。寻找决定人与黑猩猩之差别的关键基因的工作，将比预料的更困难。

比较还显示，两条染色体之间存在大量的"插入/删除"（INDEL）差异。"插入"是指一段DNA出现在一个物种的DNA里却不在另一物种的DNA里，"删除"是指某一物种的DNA有一个片段丢失了，INDEL是两种差异的总称。黑猩猩的第 22 号染色体和人类的第 21 号染色体，INDEL差异的DNA片断多达 6.8 万个。大多数片断很短，只有不到 30 个"字母"长，但也有的长达 5.4 万个"字母"。INDEL差异导致人类 21 号染色体比黑猩猩 22 号染色体多 40 万个"字母",这意味着人和黑猩猩的共同祖先的染色体可能更长。在两者独立进化的过程中,黑猩猩的染色体损失了更多的DNA片断。

人的界限

窥测局部带来的新发现,使科学家更加迫切地希望拥有准确而完整的黑猩猩基因组图谱,将它与人类及其大猩猩等其他近亲的基因组进行比较。人与黑猩猩在生理和行为上的差异,也许并不是多少个基因的小小差异简单的累加,但对基因差异进行比较是不可缺少的基石。例如,负责此次测序的科学家正计划研究两个与神经功能有关的基因NCAM2 和GRIK1,人类身上的这两个基因包含的一些大段DNA序列,在黑猩猩的版本中是找不到的,有关分析将为研究人类脑部功能带来新线索。

此前,科学家对一个在语言能力方面有遗传障碍的人类家族进行研究后发现,一个称为FOXP2 的基因对运用语言至关重要。它使人类可以灵活地控制嘴和喉部肌肉,发出复杂的声音。这个基因编码的蛋白质,在人和黑猩猩身上有两个氨基酸的差异。一些科学家认为,这是人的语言能力远远超过黑猩猩的原因。而语言的产生与运用,是人类有效传递信息、积累知识、创立文明社会的重要基础。FOXP2 可能不是唯一的语言基因,更多有关的基因以及它们对人类脑部进化的影响,还有待发掘。

　　人与黑猩猩的相同与不同，现在只是学术问题。将来的研究是否会带来伦理问题，尚不可知。如果把黑猩猩归入人科（或者把人归入黑猩猩科），是否要承认它们具有一定的权利？捕捉、囚禁、医学实验，许多行为加之于人是可怕的罪行，加之于黑猩猩却充其量只会在特定情形下违反动物保护法。如果用更亲近的眼光去看待黑猩猩，需要做出什么改变呢？而且这不仅仅是人类做出一些物质利益上的牺牲就能做到的事，有时还要面对更艰难的选择。比如许多医学研究要用到黑猩猩等灵长动物，有的要在与人类最接近的动物身上观察新药的效用和毒性，有的要寻找一些疾病的发病机理或相关基因。为了保护黑猩猩的权利，我们需要禁止这类试验吗？但如果这样，而又没有别的替代方法，我们反过来又如何向人类自己交代呢？难道说要把黑猩猩的权利置于医学研究的需要之上，从而让人蒙受更大的痛苦和风险？

　　当然，这是一些比较遥远的问题。更实际的困境在于，包括黑猩猩在内的类人猿数量正在迅速减少。在西非的原始森林里，栖息地破坏、传染病和非法捕猎使黑猩猩和大猩猩居住的洞穴数量在过去 20 年里减少过半，以这个速度发展下去，30 年后黑猩猩可能会灭绝。在寻找人与黑猩猩的基因界限时，我们也该确定一下自己的行为界限。否则，当第三类黑猩猩的两门兄弟都灭亡时，再没有那么富于感情的物种能够安慰我们。

第四章
探索最后的
领域

TANSUO ZUIHOU DE

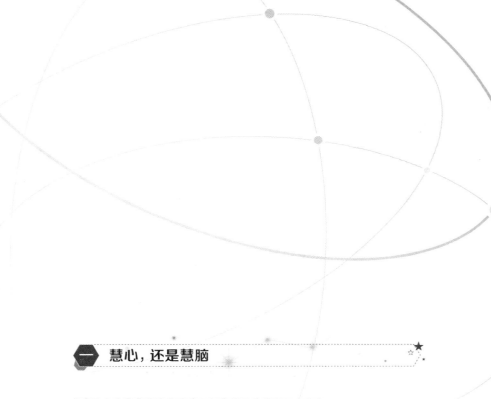

一 慧心，还是慧脑

人体的最后堡垒

越来越多的证据显示，2000 年并不代表历史的转捩点，没有什么事不照旧的。即使 1990 年美国老布什总统宣布，20 世纪要以"大脑的 10 年"结束，在神经科学上砸下了大笔金钱；2000 年的诺贝尔奖表彰的也是大脑研究的成果——我们还是免不了多谈心、少谈脑。

说来大脑是人体中最后一个让科学进驻的器官。其实一开始就没搞对。西方科学祖师爷亚里士多德（公元前 384 年—公元前 322 年）观察过鸡胚发育，也做过比较解剖学，结论却是心脏居于人体生理的核心位置，是生命的热源，以及运动与感觉的中枢。大脑也很重要，因为它是个冷却器，可以调控心脏的生

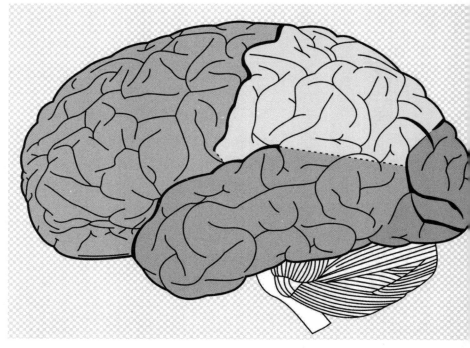

图 4-1 人类大脑的组成：绿色是颞叶，蓝色是额叶，黄色是顶叶，红色是枕叶

命之火。睡眠也是大脑的功能。换言之，"头脑冷静"这个词是对大脑功能的描述，不折不扣。好的开始是成功的一半，不好的开始呢？

　　咱们的亚圣孟子（公元前 371 年—公元前 289 年）与亚里士多德同一个时代，没谈过什么科学，也与老亚同调，老在"心"上打转，什么苦其心志、心悦诚服都是他创造的成语。这种"心"的概念不是他的发明，中国人讲五脏六腑，从来不提脑的。直到 19 世纪初期，北京一个不怎么出名的医生王清任

（1768—1831 年）才振振有辞地以人体解剖学批判传统："不但医书论病，言灵机发于心，即儒家谈道德，言性理，亦未有不言灵机在心者。"可是王清任即使批判传统，也不得不引用明代著名医家对大脑的"正确认识"，例如李时珍说"脑为元神之府"，还有人说"之记性皆在脑中"，云云。只不过他们说是说了，可没说出个所以然来，后人读了那些意见，除了记诵、演绎，还能做些什么？

西方人在这方面就不一样。与张仲景、华佗同时代的盖伦（129—199 年）便以动物实验驳斥了亚里士多德"言为心声"的概念。盖伦发现了喉回返神经（源自延脑的迷走神经核）控制发声器官——喉头——的功能。他告诉蛋头（egg-head，意为象牙塔中的学者，不谙世事）尽信书不如无书，到他的实验室亲自观察、眼见为实：动物的喉回返神经要是切断，就无法正常发声了。原来肺中空气通过喉头的声带导致发声，只要控制喉头，就能造成不同的声音。既然神经源自大脑，那么我们说的话就是"脑声"而不是"心声"了。

所以老布什搞"大脑 10 年"并没改变世人对"心"的想法。早有前例，盖伦的权威与实验也没有说服蛋头书虫放弃心声说。

不过盖伦没有让大脑的研究成为一门扎实的科学，更值得我们注意。人体脏器中，大脑最不容易研究，因为它的功能无法以传统的"形态—功能"方法分析。例如胃、肠与消化有关，从形态多少就能推知。大脑解剖之后，最明显的结构是几个脑室，以左右两侧的最大。因此古代"气"的概念就有了着落——大脑的"灵机"以气运行，神经中走的是气。

不只东汉时代的盖伦这么想，连清末的王清任在乱葬岗"亲见脏腑"之后也这样想。自古以来，"气"在东方与西方的人体生理学都扮演"灵机"的角色，并不偶然。我们活着就得吞吐呼吸，"没气了"就死了，不是吗？虽然大脑受伤的病人，会表现出许多症状，可是医生的临床经验，并没有增进大脑的知识。大脑创伤与脑室、气、症状之间的关系，一直都不清楚。

高级心智中枢

现代神经科学要到 18 世纪末才算有个起点，就像法国大革命标志了现代史的起点一样。因为那时德国学者高尔（1758—1828 年）发明了颅相学。高尔从大脑皮质入手，论说大脑的功能，可说独具慧眼。他认为，大脑皮质分化成许多功能不同的区域，许多常识中的心理功能，例如雄辩、狡诈、智慧、嫉妒等，在大脑皮质上都有固定的区域负责。而脑壳可以反映大脑皮质各功能区的发达程度，要是一个人的脑壳对应雄辩区的部位异于常人，就表示此人口舌滔滔，善于辩论。最重要的是，这套"大脑皮质功能定位说"也可以解释临床症状。

颅相学首先在维也纳流行一时，可是引起了"有识之士"的忧心：人的心理功能怎么可以与特定的血肉组织对应？ 1802 年奥地利政府宣告，颅相学违反基督教义，禁止流传。三年后，高尔也被迫离开维也纳。高尔到了巴黎后，颅相学也喧腾一时，医学界也兴趣盎然。可是颅相学的形而上学意涵——唯物论——仍然引发疑虑。巴黎自然史博物馆的伏卢宏（1794—1867 年）做了一系列动物实验，自认为否定了"大脑皮质功能定位说"，可是他从未做过人类的临床病理研究。

　　大脑皮质是"高级心智中枢"的概念，直到 1861 年才在科学界确立。法国外科医师布罗卡以临床病理方法，证实了大脑上有固定的说话区——大脑左半球前额叶。这个布罗卡氏区要是受伤了，别人的话听得懂，可说不出。不久，颞叶的语言区、枕叶的视觉区、顶叶的触感区、额叶的运动区都发现了。

　　不过，神经科学的发展并没有从此一帆风顺、一日千里。因为大脑论功能、论结构都是人体最复杂的器官，而几乎每个相关的领域（例如心理学）都是在 19 世纪后半叶才开始发展的。举个例子好了，生物的基本构造单位是细胞，这是 19 世纪上半叶成立的理论。可是 1906 年的两位诺贝尔奖得主，却为了大脑的基本单位是不是神经元而在得奖演说里互相辩驳。意大利的高尔基（1843—1926 年）主张大脑是神经细胞的融合体，西班牙的卡霍尔（1852—1934 年）却以高尔基发展出的细胞学方法证明：神经元是大脑的基本构造单位。

智慧机器人

　　今日神经科学教科书的雏形是在两次世界大战之间发展的，二次世界大战后才成形。其实现代学术研究的各种基础建置，大约也是 20 世纪初才大势初定的。不过新兴的科学社群为了展现旺盛的企图心，破旧立新之余往往矫枉过正。例如行为学派的心理学家将心灵、大脑都看成"黑盒子"，存而不论，只研究可以观察的行为，认为那才是科学研究的对象。而研究人类的大脑功能，还有一个重大的限制，那就是无法以实验验证

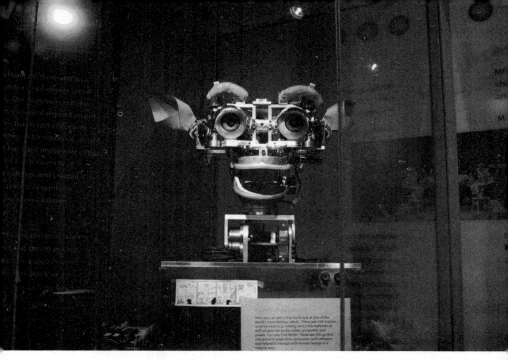

图 4-2 Kismet，一个具有表情等社交能力的机器人

理论或发掘值得研究的问题。传统的动物实验方法，主要以手术破坏大脑特定部位，或以微电极探测特定大脑活动为主，而这些方法都无法用在人类身上。至于大脑受伤的病人，由于病灶不是计划好的，甚至无法确定范围，所以提供的资讯永远是零散的、不成系统。

　　大脑是一个极为丰富的研究场域。别的不说，人类大脑皮质估计有 300 亿个神经元，其中的特定功能区少说也有百来个，它们的解剖组织究竟怎么样？直到 20 世纪 80 年代这还是研究的焦点之一。因此，"大脑作为一个功能体究竟怎样发挥功能"，反而在神经科学社群内不成议题。细节都追究不完了，谈什么整体？

　　倒是"以机器模拟人类智慧"的研究路数，促成了认知神经科学的发展，以此追究大脑整体运作的问题。在西方，以机器模仿人类智慧的想法，至少可以追溯到霍布斯（1588—1679年）。到了二次大战前夕（1937年），英国数学家涂灵发展出了"涂灵机器"的点子，为现代计算机奠定了理论基础。二次世界大战期间，英美两国为了破解密码与高速运算的需要，分别发展出了现代计算机硬件的雏形。于是"智慧机器"成为理所当然的研发目标，学者因此被迫直接面对智慧的本质问题。

　　到了"大脑的10年"前夕，神经科学与计算机科学都陷入到发展的瓶颈。在神经科学方面，如何将各种解剖、生理细节综合起来，解释大脑的整体活动，是个难题。而计算机学者也越来越发现，所谓智慧似乎不是现有理论与硬体架构所能仿冒的。大脑似乎不费吹灰之力就做到的事，例如辨认人的面孔，计算机做起来很难。而计算机的长处——运算——则是人脑的短处。双方都发现以心灵为媒介就可以进入到对方的领域找出路。

心灵、意识在哪里?

　　20世纪末的神经科学最大的特色就是，不再回避心灵、意识等形而上学名词，直截了当地以了解心灵、意识的运作为目标。例如以发现DNA分子结构得到诺贝尔奖的物理学家克里克，后来转行研究大脑。在《惊异的假说》（1994年）这本书中，他开宗明义地指出：所谓"惊异的假说"，主角就是你。你这个人只是一大群神经元和相关分子共同合作创造出来的。对的，你有喜怒哀乐、有记忆、有雄心，你知道自己是谁，你也有自由意

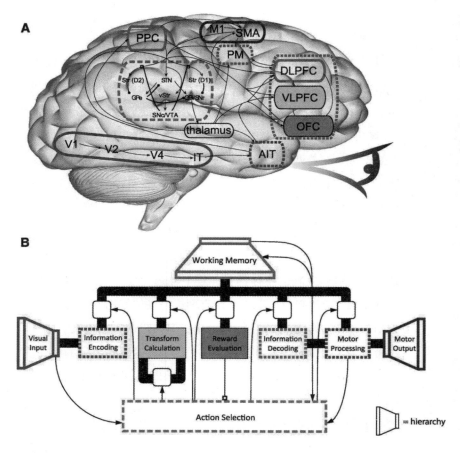

图 4-3 Spaun，一个拥有 250 万个模拟神经元的虚拟大脑的简化示意图

志；但这一切都无妨说明，一大群神经元和相关分子的活动创造
出了你，创造出了你的人格。

　　科学家宣布心灵、意识等形而上学题材是正当的研究对象
之后，最明显的后果就是：任何学科的学者似乎都自认有权论述
心灵与意识。十几年来英美书市中关于大脑的书层出不穷，作

者专业背景复杂。神经科学专家就不用说了，其他还有物理学家、哲学家、语言学家、数学家、电脑专家、生物人类学家。似乎一谈起大脑，人人都有权放言高论。要知道，从来没有物理学家敢写书来谈肾脏、胰脏的。从科学史来看，百花齐放的现象只能证明大脑研究似乎还没有进入常态阶段；而任何一门学术研究，只有进入常态阶段之后才能产生出扎实的知识。

当然，另一个解释是：大脑太复杂了，专家只能管中窥豹，大家一起来，反而有机会为大脑勾画一幅比较实际的图像。例如我们提过，人类的大脑皮质约有 300 亿个神经元，意识、记忆就是它们维持的。研究单独的神经元，对了解一大群神经元的集体行为有帮助吗？那么许多非神经科学专业人士闯入大脑这个研究领域，当仁不让，凭的就是这一类问题。

左脑与右脑

比较令人忧虑的倒是，一些重要的科学事实受到一面倒的注意，经过夸张后成为商品。左脑与右脑的区别就是一个例子。大脑功能侧化的现象，是法国医师布罗卡首先发现的。1865 年，他以坚实的病理解剖证据指出"我们以左脑（的皮质）说话"，因为大多数人的说话区（布罗卡氏区）位于左脑皮质额叶。后来，越来越多的证据显示，大脑左右半球还有许多功能分工，"左脑理性，右脑情感""左脑科学，右脑艺术"等大家耳熟能详的套语，都是从一大批科学文献中衍生出来的。这些套语作为记忆的工具，说起来十分方便，可是进一步演绎出什么"右脑开发训练法"就毫无根据了。因为任何功能系统不论组织、分工的原则是什么，其最终目的仍是达成系统目标，增强局部功能不见得能提升整体的效率。何况大脑左右半球的皮质紧密地联系在一起（这不是"比喻"，而有实体），就是两半球间的厚实神经纤维束"胼胝体"——估计包含两亿根神经纤维。试问：如何单独训练、开发右脑？

最近流行的"大脑性别"则是另一个例子。神经心理学家很早就发现：女性大脑皮质的功能组织似乎不像男性那么"侧化"：女性的语言中枢平均分布在左右半球的趋势比较明显。临床上，女性中风病人出现失语症症状的比例较低，男性比较高，这可以用"女性的左右半球可能都有语言中枢"来解释。

然而，最新的研究结果却不支持这个解释。美国威斯康辛大学医学院的研究团队，以功能性磁振造影扫描仪做实验，他们的观察结果 1999 年发表：在语言测验中，两性的大脑启动模式并没有差异——都偏向左半球。他们的结论是：大脑的语言功能在神经组织上没有性别差异。同时，他们也小心地指出：关于大脑的性别差异，学者已发表的报告还不足以形成共识。

当然，"大脑的 10 年"中不仅发表了惊异的假说，也发现、证实了惊异的结果。我们从小就听说过：人一出生大脑的神经元数目就固定了，人的一生就是个神经元损耗的过程。所以学者刚发现成年大脑中也有新生神经元时，简直疑信相参，直到几年前才成为学界的共识。不过人类大脑中的神经元数以亿计，新生神经元的数量与功能目前还不清楚。

智慧的奥秘

其实西方近 400 年的"智慧机器"发展史,最令人深思的倒是智慧本身。智慧是什么?钻研大脑的神经科学家可有睿见?传统上,回答这个问题的尝试总以脑容量立论。不过脑容量的比较研究盲点不少,例如在哺乳类中论绝对脑容量,人类的大脑不及大象与鲸鱼;若论脑容量与体重的比例,人类不见得比得上身躯瘦小的猴子。因此,美国波士顿大学生物人类学家狄肯的《象征物种》值得特别介绍。

狄肯从人类语言的特征入手指出,人类语言与其他动物的沟通模式本质不同。他再以人类语言的神经基础,讨论了人类大脑演化的特色。最后他指出,人类大脑在演化过程中不只是增大了而已,大脑的功能组织也发生了变化。因此人类的认知能力与其他灵长类比较起来,连续与不连续的面相都有,合并起来才能凸显人类的特色。有个古老的人类学问题狄肯没有讨论,那就是人类各族群的文化、社会结构都有很大的差异,而以常识意义的文明尺度来衡量的话,人类各族群的不平等也是明显的事实。为什么?

答案隐含在狄肯的论证中。既然人类以"象征语言"作为主要的认知工具,于是社群的规模与组织方式,以及社会繁衍机制,都是人类累积知识、凝聚智慧的先决条件。

单独的人类大脑谈不上智慧,人类群居的秘诀似乎存乎一心。难怪我们谈心不谈脑了。

智慧与脑神经

心灵的活动

诺贝尔生理医学奖得主埃克尔斯爵士（澳大利亚生理学家，1963 年得奖）于 1973 年写了一本名为《了解脑》的书，其序言一开始就说以"脑去完全了解脑"不单是未来式，同时也是个吊诡的说法：脑究竟能了解脑吗？四分之一世纪后，英国的格林菲尔德教授再度尝试了同样的工作。有趣的是,两本书的缘起都是由系列的演讲稿衍生而来，只不过埃克尔斯爵士的演讲对象是美国印第安纳大学的师生，内容着重实验的细节，非一般人所易懂；而格林菲尔德教授则是以通俗科学讲座的方式，对一班外行的大众解释目前研究者对脑的最新了解，虽不能说是老妪能解，但受过一般教育的人都能看懂。

人自从有意识开始，就不免对自己的"心灵活动"感到好奇。人除了拥有动物所共有的生存本能及需要外，还多了所谓的"心智与意识"，不单发展出语言及文字作为

图 4-4 图中显示了一个神经元，其发出的纤维标记为"轴突"并与另一个细胞接触。插图显示了接触区的放大图。神经元产生沿其轴突传播的电信号，当电脉冲到达称为突触的连接处时，它会释放神经递质化学物质，这种化学物质与其他细胞上的受体结合，从而改变其电活动

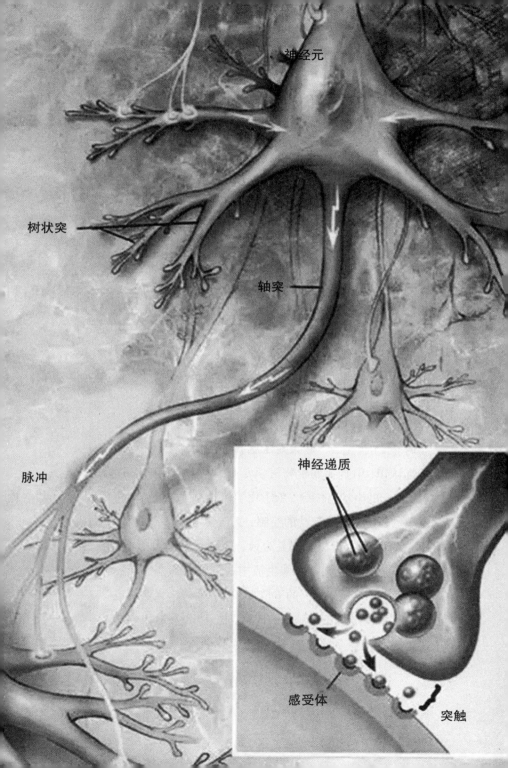

神经元

树状突

轴突

脉冲

神经递质

感受体

突触

表情达义的工具，还进一步产生抽象的思考，能"究天人之际，通古今之变"。虽然如此，人对于自我身体的认识，常不如对外界事物的了解为深，其中尤以我们的思想情感之所在为最。

古人多以"心"为人体器官的主宰、思维的根源，于文字上遗留下来的痕迹也最多，譬如《孟子·告子上》云："心之官则思。"《素问·灵兰秘典论》中说："心者，生之本，神之变也。"现代人谈到思想与情感，也处处离不开"心思""用心""心情""心事"等表达方式。至于"脑"，古时认为是"髓之海"，或说头为"六阳会首"，虽然重要，但并不认为是思想情感之所在，这一点倒跟西方早期的想法并无二致。直到清代王清任的《医林改错》一书，才说："心乃出入气之道路，何能生灵机、贮记性！灵机记性在脑者……"但该书接着又说："精汁之清者，化而为髓，由脊骨上行入脑，名曰脑髓。"又是想象多于实证、似是而非的说法。

时至 21 世纪，一般人对于脑在心智活动上所扮演的角色，大抵都认识；但真要非生物医学专业的人士说明脑部的构造联结、神经元的电性与传导、脑中化学传导物质的种类与作用、感觉意识的产生、身体运动的控制，甚至学习、记忆、情绪、动机等所谓的高级脑部功能究竟为何，大概是千百人中不得其一。这一点其实不足为奇，日常生活中我们"不知亦能行"或"知其然，但不知其所以然"的事情太多了。像许多人会用电脑、会开车，但不一定清楚电脑或汽车的内部构造及运作方式。多数人虽然对于神经系统的基本层面了解不足，但也不妨碍他们过正常的生活，甚至可能对于自身脑部的运作还有一套自己的看法（虽然多是不合学理的）。

神经的化学传递

　　人类对于自身的了解一向是解剖先于生理，也就是说对于构造的认识早于其功能，其中尤以神经系统为最。譬如说流动的脑脊髓液及松果腺都曾被认为是灵魂之所在，而脑下腺则被认为是收集脑部排泄物形成鼻涕的构造。造成这种现象的缘由也不难了解，到底观察死人或动物的尸体并做记录，要比探讨一些脑部构造在活体上的作用来得容易些。对神经系统大体解剖的记录已有几世纪的历史，但真正进入显微神经解剖，在光学显微镜下观察到神经元的各种形态与联结，要到 19 世纪末至 20 世纪初的高尔基及卡厚尔（两人于 1906 年同获诺贝尔生理医学奖）两位才开始。之后的神经解剖学发展出各种追踪神经通路走向的方法，大致解开了神经网络联结的谜团，可是其中的复杂程度还是远超过我们的想象。

　　从 18 世纪的伽伐尼发现电可以刺激神经造成青蛙腿部的肌肉收缩开始，电生理的方法一直是神经生理学者使用的主要研究方法。一个重要的观念是，所有的活细胞都具有膜电位（也就是细胞膜两侧具有不对称的离子分布），并且细胞可因膜电位的改变而产生信息。神经、肌肉及一些腺体细胞更能产生主动的、大幅度的动作，做长距离的传送。经由刺激及记录神经元电性的变化，神经生理学者对于各种脑功能的了解都有相当的贡献，其中尤以感觉及运动系统最为显著。

　　信息在神经细胞上虽然是电性的传导，但在神经与神经之间却有空隙（称为突触），电讯号无法直接传递（有少数例外），必须靠某些化学传递物质的释放才能达成任务。如此一来，神经系统的复杂性又更前进了一步。一方面，一个神经元末梢可以形成成百上千的突触联结，与其他的神经或肌肉、腺体相接；另一方面，一个神经细胞的本体上更可能有成千上万的突触，接受来自各方的信息输入。每个突触不一定是同时活化，所造成的反应也是兴奋与抑制都有。因此每一个神经元都是整合中心，将来自各方的信息整理后再决定是否产生动作电位往下传送。

神经与神经之间经由化学物质传递的这个发现，使得神经化学及神经药理学的研究在 20 世纪中叶以后大放光彩。无论是愈来愈多神经传递（或是调节）物质的发现，还是它们在脑中的分布、作用机理及在生理、病理情况下所扮演的角色等，都是目前神经科学研究的显学。脑中具有神经活性的物质不下百种，从最早的乙酰胆碱到不断有新"种"发现的神经胜肽，从复杂的蛋白质大分子到简单如一氧化氮的气体分子，令人目不暇接。

神经的化学传递还有更复杂的一面，就是受体的多样性。受体是位于细胞膜上的特殊蛋白质，是神经传递物质的作用点，保证其作用的专一性。受体于体内的分布也决定了神经传递物质的作用位置，也就是目标所在。早先，人们以药理的方法得知乙酰胆碱的受体有尼古丁型及蕈毒型两种，而肾上腺素的则有 α 及 β 之分。之后以药理或是分子生物学的方法更分出许多的亚型受体，单单蕈毒型受体就有五种亚型。再以血清张力素为例，10 年前还只有两类受体，如今已有超过 13 种的亚型。不同的受体亚型对同一传递物质有不同的亲和力及反应，在脑中也有不同的分布。

　　近代由于电脑的发展，常有人将人脑比为"庞大的数据库"，但只要是多了解一些脑部构造及功能的人，就会知道那是一厢情愿的说法。面对这么一个复杂的脑部，以及对其与时俱增的了解，一般人又能从中得到什么助益呢？这可以从几个层面来谈。首先是神经联结的可塑性。我们都知道学习与经验对于一个人心智的成长与能力的增进是有帮助的，这一点对成长中的幼儿以及青少年尤其重要。将实验动物饲养在变化、刺激愈丰富的环境中，其脑部神经联结的数目要比养在贫乏环境中的动物来得多。这个发现为先前的假说提供了实际的证据。更值得强调的是，产生这种改变的能力终其一生都存在，正应了一句谚语："活到老，学到老。"我们不但要给下一代提供更好、更多的学习环境与机会，成年人甚至老年人自身也应该不要间断对新知识的学习和与新事物的接触，以维持脑的活力。

　　其次，经由脑部化学传递的了解，我们对各种让人上瘾、甚至滥用的药物的作用已相当清楚。绝大多数造成滥用的药物会经由兴奋脑中的一条报偿系统，以至于服用者一而再、再而三地想要重复服用，造成心理性的成瘾；同时由于对药物大量及重复的服用，引起一些分子层面的改变（例如受体的负调节），造成使用剂量逐渐增加以及停药后的不适，是为生理性成瘾。

　　至于脑中的这条报偿路径当然不是为了药物而存在，而是与"饮食男女"有密切相关。人从饮食及男女之事上可以获得相当大的满足与快感，这是为了个体存活及种族延续所必需。不幸的是，许多药物经由此路径，引起同等甚至更强的快感，造成服用者的废寝忘食，难以自拔。这条脑中的报偿路径，主要包括由中脑的多巴胺神经元投射至前脑边缘系统的通路。已有许多的实验证据显示，像安非他命、古柯碱、吗啡，甚至尼古丁、酒精等成瘾药物都是经由增强此通路中多巴胺的作用而来。如果这些药物只造成快感也罢了，但长期服用下来不是产生神经毒性，就是有其他的副作用，因此危害更大。一般人都以为像吗啡、海洛因、安非他命、大麻一类的违禁品才是有害的毒品，事实上危害最烈的滥用药物是合法贩卖的尼古丁（烟草制品）及酒精（各种酒类），这一点只要看看每年因肺癌、肝病及醉酒车祸的死亡人数统计便可知道。如果多一些人知道这些成瘾性药物的作用是针对人类原始欲望的需求，不是轻易可由意志来控制的事实，尝试的人该少上许多。

经由神经科学的进展，目前对许多神经及精神性的疾病，像是帕金森病、阿尔茨海默病、癫痫、精神分裂症及抑郁症等，我们都有相当的了解。虽然目前对这些疾病的治疗多还是以只算治标的药物为主，但随着我们对基本的脑生理有更多的认识，终有可能确定其发病的根源（譬如一段突变的基因引起亨丁顿氏舞蹈症），进而找到治本之道。举个例子，沮丧忧郁症是相当常见的精神失常，发病率可高达人口的10%（女多于男），严重者会有自杀的倾向。抗忧郁症的药物早期以抑制单胺类分解的药物为主，近年则有"百忧解"等一类血清张力素回收抑制剂的药物。最近的研究更指向脑中一种控制脑下腺—肾上腺激素分泌的胜肽有所失常，因此药厂积极开发该胜肽的拮抗剂，希望发明出副作用更小的抗忧郁药。另外由动物实验发现，新生的幼鼠或猴如果与母兽分离及缺乏照顾，成年后就会有下视丘—脑下腺—肾上腺轴的活性失调及类似沮丧的症状发生。类似这样的新发现，不但在治疗上可有新的方向，更可能在预防工作上加强。

早先针对所谓的高级脑部功能的研究多属心理与行为科学方面的探讨，虽然其中有不少创见与洞悉，但总是描述多于解释、臆测多于实证，让人不尽满意。自 20 世纪 30 年代脑部立体定位仪发明以来，不少学者利用实验动物对局部脑区进行破坏、刺激、记录甚至取样等实验方法，再配合各种生理指标以及行为的检测，使我们对于大脑的黑箱作业有了相当程度的了解。近年更有各种非侵入式的脑部影像记录与分析的方法，不但能针对有病的脑找出病灶，研究者更能利用这些方法来找出参与各项高级脑功能的脑区来。到目前为止，我们可以说生物体所有的活动都受到包括脑在内的神经系统的调控，其中不单是感觉、运动、思想与情绪，甚至心跳、血压、呼吸、消化、代谢、体液、生殖及免疫等种种生理现象也都在内。神经内分泌与神经免疫是两门由此而生的学问，中国人强调"身心一体"的健康确有其科学的根据。

对于脑的研究，终究离不开对意识与心灵的探讨。神经科学研究秉持的大原则是，心灵与意识的活动不能脱离脑而存在，所有正常与异常的心智活动必定有它的生物基础，这是与哲学、宗教不同的地方。虽然现阶段对于意识的生物基础了解仍属有限，但从对感觉、运动到学习、记忆及认知等各方面的诸多研究显示，脑部所执行的各项功能并非仅局限于某些脑部区域的参与，而是由许多的脑区做临时组合，共同完成。同时脑部功能愈发达的动物，不但具有表面积更大的皮质（形成皱褶状），同时多出来许多功能不甚明确的所谓"联络皮质"。这些联络皮质与脑中各处都有联系，很可能就包含了掌握各种脑部组合的枢纽。这种将不同的脑区做暂时性任务编组的观点，可以解释我们的意识经验（记忆、思考、情绪等）是无穷的，是不断随着时间、情境做转换、新生的。

整个人类文明的历史，无非是对我们所处外在与内在环境的认识与改善，进而有所创造与建设。现代人常在两个极端之间摆荡：一端是自诩科技文明的进步，以为万物皆可为吾所用，而昧于自身之限制，造成狂妄；另一端则是太过强调人的渺小，将一切未知推给造物的奇妙。个人以为对于这两种极端的针砭之道，不外乎"学与思"而已：无知产生恐慌，而正确的知识才是安定的力量。

借用电视剧《星际迷航记》的开场白，如果太空是人类对外探索的最后一块未知领域，那么人脑便是我们向内探索的最后一块未知领域。回到本文开头埃克尔斯爵士所提的问题：以我们的脑去完全了解脑是可能的吗？这一点与庄子所说的"吾生也有涯，而知也无涯"有异曲同工之意。穷一人之脑、终个人之一生想要完全了解脑的运作只怕是不容易（有人会说不可能）的事。但人类观念的突破与实质的进步，已将多少不可能化为可能。

最后引用一位神经药理学者富勒（抗忧郁药"百忧解"的发明者之一）最喜欢的一段话：

我不认为人生的目的只是为了追求快乐，我想生命的意义应该是有所用、有所担当及有热情。更重要的是要当一回事，坚持某些理想，并做出贡献，才不枉此生。

我们对知识、对真理的追求（包括我们的脑），亦可作如是观。

第五章
认识
达尔文

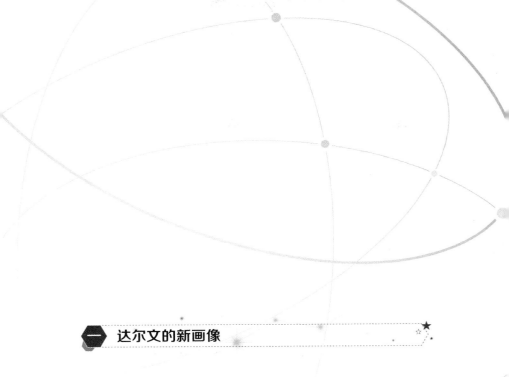

一　达尔文的新画像

　　出版《物种起源》的达尔文（1809—1882 年），是科学史上的异数。除了他以外，很少有哪一位科学家能在身后一百多年，因为他的人品或理论，仍在公众论坛上兴起情绪性的辩论。今天，批判达尔文的文字继续层出不穷：执笔者品流复杂，学过生物的、没学过的，看得懂达尔文的、看不懂的，似乎只要以大局为重，牺牲点蛋头学者的伎俩也无伤大雅，反而越发理直气壮了。批判达尔文就是反对弱肉强食的丛林主义、反对适者生存的冷血主义、反对以理杀人的蛋头主义。

达尔文学

　　学院中的学者当然不会放过这么热的题材，达尔文学早已是科学史研究中的显学。达尔文成为学院研究的发烧题材，并

图 5-1 "小猎犬"号来到南美洲南端的合恩角西南部，海底急剧上升。达尔文写道："巨大的乌云在天上滚动，连绵不断的暴雨席卷我们，以至于上尉下定决心要进入威格姆湾。这是一个舒适的小港口，距合恩角不远。在圣诞节前夕，我们在平静的海面上停泊。唯一能让我们想起外面风暴的是时不时从山上吹来的一股风，使船上下颠簸。"

图 5-2 合恩角

不只是因为蛋头学者惺惺相惜，而是因为达尔文实在是个不肯让人忽视的人物。不谈家世，光就他留下来的科学活动纪录而言，几乎无与伦比。

达尔文在发明进化论之前最重要的科学活动，就是登上"小猎犬"号赴南美测量海岸，"公然为帝国主义张目"。这趟旅行费时 5 年（1831—1836 年），他顺道在各地搜集生物、地质标本。关于这次航行，达尔文写了一本游记（1838—1845 年），"小猎犬"号的船长也写了一本公开发行。达尔文在旅途中的私人札记，也流传下来，所以我们知道达尔文在船上有哪些书可看（例如密尔顿的《失乐园》和洪保德的《南美热带旅游记》——约 3700 页、分装 7 册的巨著，但最重要的当然是莱尔的《地质学原理》）。这次航行所采集的标本，至今尚存，大多都经过他敦请的专家或他本人研究后发表。达尔文向政府申请到了 1000英镑，编辑出版了脊椎动物标本的研究成果（1838—1843 年，

共分 5 册，其中包括他的游记）。关于这次航行的地质学调查，
达尔文出版了 3 本报告（1842—1846 年），并提出了一套环礁
形成的理论，解释环礁的分布现象。他的游记和环礁理论立即
使他成为受人敬重的地质学者。

《物种起源》

这些还只是达尔文发表《物种起源》（1859 年）之前的公
开活动。他在"小猎犬"号航行的尾声，开始私下进行物种研
究，并以特别的笔记本记录下他的想法。他的问题是：自然界
中的物种究竟是固定的单位，还是流动的？物种究竟会不会变
化？不同的物种之间有什么关系？当然，现在我们已经知道这
个研究的结果，就是《物种原始论》。但是这一系列的物种笔
记几乎完整地流传下来，使学者对他在这个问题上的思考过程，
有了重建的依据——既满足了偷窥的心理，又得以研究科学创
造的心理学。

只对《物种起源》的发展感兴趣的人，也不免为丰富的研
究素材而窃喜。达尔文在 1842 年与 1844 年分别写下了他的理
论大要，1844 年的那份有 230 页，它们都完整无缺。到了 1856
年，达尔文开始动笔写他的大书，准备向世人正式宣告他苦思
冥想了 20 年的理论。他哪里知道，两年后因为华莱士寄给他的
一篇论文，不得不改弦更张，另行撰写摘要，抢先出版，以保障
他的优先地位。

这部正文达 490 页的摘要，便是《物种起源》。它于 1859
年 11 月 22 日在伦敦上市，第一版 1250 本当天就全部被各书店

图 5-3 1871 年，欧洲人用漫画讽刺达尔文

抢购一空。

《物种起源》前后共印行了 6 版（1872 年第 6 版），每一版都有修订。1959 年《物种起源》的汇编本出版了，把各版的修订部分都标注出来，给了学者更多大做文章的空间。达尔文原先撰写成的大书的十章原稿仍在 1975 年排印出来，也近 700 页。据估计，这部书要是完成，也是分册巨著。试问：有哪一本"改变历史的书"留下过那么多的线索，供人凭吊、把玩、炒作的？

达尔文的新画像

达尔文一生发表专著 17 种，合计超过 9000 页。英国剑桥大学出版社进行了一个庞大的计划：编辑《达尔文书信集》，以编年印行，其中收入 13 000 余封仍存世的达尔文往来书信（已出 7 册共约 4000 页）。与达尔文通信的人，除家人外，包括当时著名的科学家、家畜家禽养殖家等。

有那么丰富的资料可供参考，也难怪学者乐于钻之研之，玩物丧志了。不过对许多学者而言，这"玩物丧志"四字，他们可是万万当不起的。若不是因为达尔文的演化理论背负着政治、文化、社会各方面的后果，他们也不至于兴起"非搞它个彻底明白不可"的冲动。

过去 20 年中，这些达尔文学者的努力，创造了一幅达尔文的新画像，并使我们对达尔文演化论的历史有了新的认识。这些新的见解有助于化解当今环绕着达尔文进化论的意识形态斗争。鲍勒出版的几本书以不同的形式，报道了这些见解。鲍勒是风头最健的达尔文学者之一，他自 1983 年起已出版专著 6 本，其中

《演化论史》（1983—1989 年）叫好又叫座，已成为标准教科书。

天择理论的命运

第一，我们都知道达尔文的《物种起源》有两大成就——建立演化的事实与提出天择理论。1859 年后，虽然大多数人都接受了演化的事实，但相信天择理论的人却不多。到了 19 世纪和 20 世纪之交，许多学者开始相信天择理论已濒临死亡——这时流行的各色各样的演化理论，共通点是目的论的宇宙观。

换言之，人们宁愿相信演化是个有目的的过程。19 世纪的人在地质层序列、古生物序列、人类文明序列、人类历史中，处处皆可察觉进步的事实。进步像是宇宙变化的根本原理，但在达尔文的世界中，进步并无意义，那里只有生命的繁殖冲动、适应压力及有限的资源相互作用着，毫无目的可言。

1900 年，学者重新发现孟德尔遗传学论文，对天择理论并没有什么帮助。事实正相反，以孟德尔遗传学解释演化的学者，反而认为突变才是进化的动力。后来，在 1920—1940 年，好几条不同的生物研究路数，包括孟德尔遗传学和生物统计学，进一步发展产生了互补的结果之后，才逐渐形成了"综合理论"。不过，这已是另外一个故事了。

回顾这段历史我们了解，在 20 世纪 50~60 年代如日中天的"综合理论"，其核心仍是达尔文的天择理论，只不过这个天择理论是在一个很不同的科学脉络中发展、滋长的。1959 年，英语世界中参与建构"综合理论"的学者，集会庆祝《物种原始论》出版 100 周年，个个意气风发。不过他们比谁都明白：天择理论问世以来从来没有那么风光过。

任何指斥进化论只是一套意识形态（或伪科学）的人，必须先仔细考虑这段历史的意义：19 世纪流行的意识形态，与蕴含于天择理论中的宇宙观绝不相容，因此天择理论很少有人信仰。20 世纪初新兴的生物研究领域，产生的成果有摧破传统意识形态的功能，它们创造了有利于接受天择理论的脉络。

达尔文的政治学

假如达尔文的天择理论并不为人所重视，他的声望和地位从何而来？我们都知道达尔文是在他想通了天择原理之后 20 年，才正式发表他的天择理论，可见天择理论异端的程度。1844 年他完成了 230 页手稿后，特别预留遗嘱，安排这份手稿在他死后出版。这表示他对自己的理论信心十足，可是自信终究抵挡不住可能遭受迫害的疑惧。达尔文的理论有什么"异端"之处呢？

对于教庭，任何理论只要否定上帝在自然界的大能，都是"异端"。主张演化，等于切断了上帝与自然的关系，同时颠覆了人间的秩序。唯物论者主张宇宙构成单位是非属灵实体的物质，支配物质的原理是自然律。所以进化论、唯物论、无神论三者总有牵扯不清的关系。

1859 年《物种起源》出版之后，各式各样的批评虽然纷至沓来，达尔文却显然没有遭受迫害。不仅没有遭受迫害，他还分别在 1864 年与 1879 年获得皇家学会与皇家医师学会的奖章。此外，他死后入葬西敏寺，这些似乎都不是正统的对待"异端"

的办法。

这儿我们得谈谈近来科学史家开始特别注意的"科学的政治学",或者说"科学的政治面相"。传统的科学史家看待科学,往往只着重直接与追求知识有关的活动;然而为了达到追求知识的目的,科学家必须动员与掌握资源。譬如说,他至少得衣食无虞,得有钱买书、买器材、请助手,出版研究成果更是非钱莫办,这是经济资源;科学家还得说服掌握政治、社会资源的人,得到他们的支持,或者至少不让他们猜疑,免受干扰;此外,在资源有限又面临竞争者的时候,合纵连横的高明手腕可能比精深的知识更能争取支持。

达尔文是个传统类型的绅士科学家,他一生从未领过薪水,一直都在自费研究。自从想通生物演化的秘密以后,"如何让世人接受他的理论"就成为他最重要的人生目标。从这个角度去观察他 1842 年以后的行事,达尔文高明的政治手腕就格外地引人注目。

他在发表《物种起源》之前,就已开始小心挑选支持者,相机吐露心事,出示手稿,引导他们做思想改造;他还会运用他的地位和影响力为年轻的后进谋取职位。这样做等于是在科学界布置暗桩,可以保证一旦天下有变,有人及时呼应。植物学家虎克、解剖学家赫胥黎等人正是这样的角色。《物种起源》甫一问世,他们都受邀撰写书评,编者哪里知道他们早已"磨砺以须,蓄势待发"?几篇书评固然不足以移风易俗,但至少能使舆论不致一开始就呈现一面倒的态势。

学者仔细探究过达尔文身边这群年轻支持者的思路,发现他们的思想奇异程度颇高,不能个个都算作达尔文信徒。以"达尔文战犬"自居的赫胥黎，都被认为是个假信徒。譬如说，他在读完《物种起源》之后立即写信给达尔文，指出达尔文不该排除跃进式的进化模式。也就是说，他不认为进化必然是渐进式的。此外，赫胥黎也不欣赏天择理论，他只需要可以用来讨论、辩论并可以作为武器的进化观念。赫胥黎代表的是当时新兴的职业科学家，他必须以犀利的思想工具建立职业尊严与社会地位。进化论是赫胥黎的"武器"，从他对工人演说进化论即可看出。

连达尔文的合伙人华莱士，也不认为天择理论能解释人类的进化。这两个例子足以说明达尔文的理论在当时是多么不合时宜。达尔文能够掌握这群年轻支持者，不仅靠他们打天下，还能遥控他们，若没有高超的手腕，哪能兜得转？

达尔文营销他的理论的策略，也值得我们注意。前面已经提到过，《物种起源》总共印行过六版，每一版都有修订。从历次修订中我们可以看出，达尔文似乎越来越不强调他的天择理论，使"用进废退"之类的机制扮演越来越重要的角色。从相关的文本分析来看，这是他的策略运用。不特别突显论证中比较新奇的成分，故意使用比喻或模糊的语言，巧妙利用读者的成见，都能达到暗度陈仓的目的。让世人接受进化的事实，让世人相信进化是个正当的学术研究论题，毕竟是当务之急。先让进化这个"擂台"成立，天择理论才有机会大显身手。

生物进行论的新发展

人们把"进化"一词定义为："生物逐渐演变，由低级到高级，由简单到复杂，种类由少到多的发展过程"。这里的"由低级到高级"一般被理解为"由劣到优""由落后到先进"。例如很多人就是这样认为：高级先进的优秀人类是从低级落后的劣等生物"进化"而来。那么，生物为什么要做这样一种进步性运动？或者问：推动生物"由低级到高级"的动力是什么呢？

俗话说"人往高处走"，那是因为人有思维。然而，没有思维的动物、植物，乃至藏在生殖细胞核里的遗传基因，它们又如何知道什么是"好的"？究竟是什么动力在"推动事物积极向上"呢？

为了解答这一问题，许多学者提出过不同的"动力模式"，但终究不能自圆其说。最近，有人又提出："遗传信息复制"将有望成为生物进化的动力。但是，他们能真正找到生物进化的动力吗？我们对此表示怀疑。

怀疑的依据是：不论什么理论，只要它自称能够解答生物进化的动力是什么，它就必须回答：为什么地球上还有那么多生物没有进化或者进化那么缓慢？为什么同一种动力只对一部分生物起作用，而对另一部分生物不起作用或者只起很小的作用？为什么进化会出现停滞和爆发的不同阶段？当进化停滞的时候这种动力到哪里去了？当进化爆发的时候这种动力是怎样聚集到一起的？

这是生物进化中的"动力怪圈"。如果没有这种"推动事物积极向上"的动力存在，生物"由低级到高级"的进步性进化在理论上就讲不通；如果有这种动力存在，又没有哪一种理论能够解释：为什么地球上还有那么多生物没有进化或者进化得那么缓慢？

面对这个绕不出去的"动力怪圈"我们不得不提出这样一个猜想：这种能"推动事物积极向上"的动力根本就不存在。生物的进化根本不是人们想象的那种进步性进化，而是一种无所谓进步与退步的中性进化。

所谓"中性进化"是指生物利弊得失各向都同时均衡发展的一种演变过程。当有"利"的方面越来越多时，有"弊"的方面也越来越多，其结果表现为事物的"利"与"弊"总是均等的。把进化前后的利弊得失叠加起来，其实际进化的总值为零，其进化结果整体向外显现为不好不坏的中性。（注意：这里的"中性"是"有利有弊"的，与木村资生中性学说的"无利无弊"是有区别的。）

当生物的进化不再是进步性进化，而只是一种利弊均等的"中性进化"以后，各物种之间的关系就还原成了一种平等的关系。"生物进化的动力是什么？"这一问题的实质，也就不再是"生物为什么会越来越高级"而是"生物为什么会演化（或称中性进化）"。这样，我们不仅走出了"动力怪圈"，而且我们还发现，许多曾经十分棘手的问题也能得到解答。

生物的进化之所以是中性的，其根源在于推动生物进化的动力是中性的。事实上，自然界的所有力都是中性力，例如电磁力、万有引力等等。它们或者推动事物运动或者保持事物静止（相对），不论是运动还是静止，它们的作用都是使事物在某种力量上获得平衡，而不是打破平衡去推动事物"由低级到高级"发展。

推动生物做中性进化的中性动力，也是一种能够推动事物运动但没有好坏优劣之分的作用力。中性动力只能将事物从一个中性位置推向另一个中性位置，或者将事物保留在中性状态之中不让事物游离于中性状态之外。

在推动生物做中性进化的过程中，有两种中性动力在起作用。

第一种是可以促成生命起源，也可以促使已有生命发生变异的动力（简称第一动力或变异的动力）。例如来自宇宙间或者来自地球内部的某种射线、某种物理的或化学的刺激等等。第一动力引发的变异与达尔文主义认可的变异一样，不具有方向性和适应性；所不同的是，这种变异不再是只有"利"没有"弊"或者只有"弊"没有"利"的"单向"变异，而是利弊均等的"双向"变异。它只是一种将事物从一个中性位置推向另一个中性位置的中性动力。

第二种是大自然赋予所有生物求生存的本能释放出来的一种动力（简称第二动力或求生存的动力）。这种动力是自然界必须存在的。如果生物没有求生存的本能，起源以后的生命就不会存活，不会延续。第二动力与拉马克主义认可的一样，具有方向性和适应性；所不同的是，它的作用不是促使生命发生变异，而是促使在变异之后只显现"弊"没显现"利"，造成生存困境的生命，把变异中的有利部分发掘出来，让变异后的利弊均等，从而求得生存。当生物得以生存以后，由变异引起的"利"与"弊"都得以显现，求生存的动力也就自行消失。因此，求生存的动力并不会推动生物去追求"更好的"生存。这一点与拉马克主义认为的生物都内在地和必然地趋向于完善化（不断向上）有着本质的区别。因为这种动力是给予面临生存困境的生物以求生存的本能，将只有"弊"没有"利"的生存条件改变成为有"利"有"弊"的生存条件，所以它是一种将事物保留在中性状态之中，不让事物游离于中性状态之外的中性动力。

第一动力引发的变异虽然是利弊均等的双向变异，但是，它显现出来的利弊却不一定均等。有的变异将"利"隐藏起来了，只向外显现"弊"；有的变异将"弊"隐藏起来了，只向外显现"利"。这样，生物的变异从外表看起来就是利弊参差不齐的。然而，被隐藏起来的"利"或"弊"总是存在的，这是一切事物的共性。

当第一动力引发的变异最初向外显现为"利"时，它表现为能够让生物很好地存活下来，隐藏着的"弊"则随着生物的存活而迅速显现出来；当第一动力引发的变异最初显现为"弊"时，它表现为生物的生存十分艰难，这时就必须依靠第二动力——求生存的动力将隐藏的"利"发掘出来，生物才能得以生存。任何一种生物都只能在有"利"有"弊"的条件下生存，只有"利"没有"弊"或者只有"弊"没有"利"的生存都不符合自然法则，都是不真实的。

被求生存的动力发掘出来的"利"当然不是额外多出来的"利"，而是后到的"利"对先来的"弊"做出的补偿。当利弊均等以后，求生存的目的达到了，求生存的动力也就自动消失。因此，"第二动力"虽然具有方向性和适应性，由于它只是推动利弊不均等的事物变成利弊均等的事物，所以它仍然只是一种将事物保留在中性状态之中的中性动力。

求生存的动力之所以要"逼"着生物去发掘隐藏着的"利"，还有一个更根本的原因，那就是由自然界的均等法则使然。

当变异最初显现为"弊"时，生物就很难存活，如果不能把隐藏着的"利"发掘出来，这种只有"弊"没有"利"的现象就会破坏均等法则。因此，自然界的均等法则必然通过"求生存的动力"将隐藏着的"利"发掘出来，把所有生物都置于利弊均等的中性状态。这样，自然界的均等法则既是引发"求生存的动力"的直接原因，更是推动生物进化的真正动力。

从这里我们看到，当变异后的物种其利弊显现为均等时，生存压力小，生物得以存活，但是，生物却还是原来那个生物没有什么改变，即这种生物没有进化或者进化缓慢。当变异后的物种其利弊显现为不均等（"弊"多"利"少）时，生存压力大，生物难以存活。但是，在"求生存的动力"发掘出隐藏的"利"，将不均等变成均等以后，生物不但因此存活了，而且生物有了很大的改变，或者说，生物因此进化了。可见生存压力越大，生物越容易进化，当然，前提是不被生存压力压垮。

第一动力是生物进化的根本，第二动力是生物进化的保证。第一动力告诉人们：生物进化的基本单位只可能是群体而不可能只是个体；第二动力告诉人们：不论是群体还是个体，只要生物感受到了生存危机就必然去求生存。并且，第一动力与第二动力在生物进化的过程中相互配合，共同发挥作用。

第一动力和第二动力在生物进化中的作用，不再具有"由低级到高级"的超自然性，和只作用于部分物种的神秘性。它们与自然界的其他力一样，对所有生物都一视同仁，不论"高等""低等"，在可能变异的时候都给予变异的机会，在需要求生存的时候都给予求生存的本能。

有了这样一对普普通通、平平常常的中性动力，生物进化中许多看似矛盾的现象才因此得以解答：为什么一些生物进化了，一些生物没有进化？为什么一些生物进化快，一些生物进化慢？为什么一些物种的性状变化是连续的，一些物种的性状变化是间断的……这些疑问都不再是难题。

这就是生物进化的动力。

 ## 二　达尔文大震撼

达尔文，您在等什么？

许多历史上的名人在他们的创作力正达辉煌的巅峰状态时，却突然进入长期的隐晦和沉寂。我想，大概很少能有其他的事情，会比这种奇事更能激发人们的臆测了。罗西尼（1792–1868 年，意大利作曲家）在写完登峰造极的歌剧《威廉泰尔》

图 5-4 1835 年 9 月，英国皇家海军"小猎犬"号刚停泊在加拉帕戈斯群岛最东部的圣克里斯托瓦尔岛上，达尔文便急切地上岸去收集生活在那儿的各种昆虫、鸟类、爬行动物和植物的样本。起初，他对这片干旱的土地并没有太重视，"到处都是矮小干枯的灌木丛……就像我们那儿冬天里无叶的树木一样"，但他没有退却。约 5 周后，在"贝格尔"号离开这些岛屿时，他几乎收集齐了加拉帕戈斯群岛的所有植物，数量相当可观。

之后，竟然封笔长达 35 年之久；而达尔文在 1938 年发展出极端激进的演化论之后，竟拖拖拉拉了将近 21 年，直到华莱士（1823—1913 年，英国博物学家）快要从他手中夺走"进化发现者"的荣衔之际，才急忙忙地出版他的进化理论。

灵光乍现

在随着"小猎犬"号航行的 5 年中，达尔文深入探究了大自然的丰饶与神奇，但也同时否决了原先"物种不变"的信念。1837 年 7 月，就在他刚结束航行回到伦敦后不久，达尔文开始在他的笔记本中记载他关于"物种转变"方面的思考。那时候，他已深信进化是已经发生，并且是正在持续进行的事实。因此，他想找出一个能解释进化如何产生的理论。在这个过程中，达尔文历经了许多不成熟的臆测和不成功的假设，最后，他从一本为排遣时间而读，并且表面上好像毫不相关的书里，汲取到了最重要的灵感。达尔文后来在自传里说：

在 1838 年 10 月的一个晚上，我为了消遣散心，正好拿起

图 5-5　1832 年 1 月，"小猎犬"号到达加那利群岛的特内里费岛，达尔文被该地区的尘埃侵害。他写道："大气通常非常朦胧，主要是由于无法清除的灰尘，即使在远处的船只上，灰尘也不断掉落。"

一本马尔萨斯（1766—1834 年，英国经济学家）的《人口论》来读。由于那时我已经长期观察过动植物的生活习惯，所以相当能体会在生物界里无处不发生的竞争。突然间，我的脑中迸发出一丝灵感：在这种竞争的状况下，较有生存优势的变异品种应该比较能生存，而不太能适应环境的个体就较易被淘汰；若这种情形经年累月地延续下去，就会造成新种的产生。

达尔文很早就从动物育种专家那边，学到了人工选择对培育新品种的重要性；但若不是马尔萨斯在人口拥挤和生存竞争方面提出的卓见催化了他的思绪，达尔文恐怕就无法想出天择的根本原因。如果各种生物族群所生殖的后代数目远超过环境所能提供的食物及栖息地的负荷量，并且假设活下去的生物平均来说是比较能适应当时各种生存条件的个体的话，那么自然选择应该就是进化的驱动力。

达尔文当然知道这个发现有多么重要，所以我们不能将他耽搁自己学说的发表，归因于他不知道这项成就的伟大性。早在 1842 年及 1844 年，他就把这个理论及其微言大要写成初步纲要，同时还留下遗嘱严格地要求他妻子，如果他在论述大业完成前不幸死掉的话，一定要把那些文稿独立印刷出版。

奇怪的沉默

但他又何以拖延了二十多年，才发表他的学说呢？不错，我们这个年代的生活步调不知快了多少倍，甚至连悠闲的谈话艺术和棒球经也早已遭到牺牲出局的命运；因此我们常常会犯下"将历史上的一小段时间，放大成一大段无穷尽的永恒"的这种毛病。然而，人生的长短不论古今总还是一项不变的尺度，"20 年"已经是一般人事业生涯的一半，如果按达尔文身处的维多利亚女王时代的标准来衡量，甚至已算得上半辈子了。

一般的科学家传记，往往把伟大科学家的心路历程写偏了，从而误导读者。这些传记把科学家描写成单纯、理性的机器，只为了坚持自己的理念，一心一意地勇往直前；他们所秉持的理论也只受事实数据的规范，有多少证据就提出怎样的学说。所以，一般传记的论点都认为，达尔文之所以迟疑了那么久，只是因为他一直没有完成建构理论及搜集证据的工作。他虽然很满意自己对理论的解释，可是理论毕竟只是空谈！也许他一直努力在搜集证据，企图让证据多到无以反驳时再出版自己的理论，而这实在是费时费力的工作。

可是，如果我们客观地看看达尔文在这二十多年间所进行的活动，就大可推翻这些科学传记的论点。这个期间，达尔文特别花了 8 年的光阴研究藤壶的分类和自然史，并出版了 4 本巨著。关于这件事，传统学者的说法简直是在胡扯，他们认为达尔文心里觉得自己得更明白"种"的各种现象，才能说明它是怎么变的；而为了了解"种"，他才花那么多时间来研究这群生物的分类学。可是，他为什么要花8年的时间？而且手上明明握着生物学有史以来最具革命性的理论，却居然不采取任何行动呢？达尔文在自传中评估他的《藤壶分类学》时说道：

> 除了发现几个新种以外，我理清了各属之间及身体各部分器官间的同源关系；另外，我还证明了有些藤壶属雄性的体积不但很小很小，并且会吸附在雌雄同体的个体身上当寄生虫……尽管如此，我还真怀疑这些成果到底值不值得我耗费8年的心血。

当然，"达尔文耽搁二十多年"这件事的动机必然很复杂，以至于我们不能找到简单的答案；但我感觉，它的原因应该不单单是"证据累积不足"而已，"恐惧"这一因素一定也扮演了某个重要的角色。

但他到底在怕什么呢？

当达尔文借马尔萨斯之助融会贯通了进化的道理时，才29岁。当时的他没有任何专业工作，唯一可以称颂的是他在"小猎犬"号上工作得很杰出，颇能赢得同行的赞赏。所以，他应该不会为了提倡一个别人眼中的"歪理邪说"（而且他那时仍无法证实这种假说），而把自己的前程搞砸了吧！

"邪说"大公开

那到底是何种"邪说"？一定是相信演化这种观念！但这不太可能是全部的答案。因为在19世纪前半叶，进化的观念其实是常被人提到的邪说。或许你不敢相信，很多人都曾公开宣扬和讨论过这个话题，当然大多数的人是反对的。倒是当时绝大部分伟大的自然学家，要不就赞成，要不然也至少曾经严肃考虑过其可能性。有两本达尔文早期的笔记本近年被公开了，我们或许能从它们惊人的内容，找到达尔文拖延的原因。这两本名为 M 和 N 的笔记本，是达尔文在 1838 年及 1839 年所写的，这时他正在累积物种转变的种种证据，并且仔细记录下来，形成他 1842 年和 1844 年草稿的根底。

M 和 N 中包含了他对哲学、美学、心理学和人类学的各种臆想。当达尔文在 1856 年重读这两本笔记时，说它们"充满了对道德方面的形而上学"，那里面记录了很多他敢想却不敢公开的主张，显示出他那时的观点比进化论还要离经叛道。这思想就是哲学唯物论，它主张物质是任何存在的基础，所有心理和精神现象都只不过是其副产品。这种说法对西方思想中"不管心智有多复杂多强劲，皆只是大脑产品而已"的主张，打击最为深刻。

让我们先看看弥尔顿（1608—1674 年，英国诗人）对心智的看法吧！他认为心可与体分离，且优于体，但心暂时住在体内。因此他写道：

> 或让我的灯，于漫漫午夜
> 被高塔幽居之心灵瞥见
> 在那我能望穿大熊星座
> 与智慧之神索斯同游
> 或跃入柏拉图的精神世界
> 明澈看透混浊大千世界

在那儿，不死的心灵

舍弃其广厦

而宁居小小皮囊之中。

这两本笔记证实了达尔文对哲学及其含义有很深的兴趣。他深知他的进化理论和其他进化理论最重要的差别，就是其隐含着毫不妥协的哲学唯物论；而其他的进化理论则还在畅谈"生机力"的论调、有方向性的历史、生物内心的努力奋斗以及心灵是实际存在且不能缩减的等等。不过，这样的观念对传统教徒而言，反而都是可以勉强接纳的：因为这些观念至少允许教徒相信上帝的存在，是上帝用演化的方式来创造这个世界。但达尔文却只谈随机、无意义的变异和天择，在他的理论中，并不容许上帝存在。

无法扼制的智慧之光

在这两本笔记中，达尔文坚持以他唯物的进化论，应用到全部生命现象，甚至人的心灵——这个他所谓的最终城堡。如果心灵不能脱离大脑而实际存在，那么上帝岂不是由一种幻想产生出来的幻想吗？他在关于物种转变的笔记中写道：

喔！你这唯物主义者，就爱把复杂的东西神化着来崇拜……脑袋分泌出来的点点思想，难道就比物质之间的万有引力更伟大、更美妙吗？这真是我们在自夸自大、在自我崇拜。

不过，这些想法在当时来讲，实在是太邪恶了。因此，达尔文即使在自己的第一部大作——《物种原始》里头，也不敢提出来；不过，他还是壮胆做了个暗示性的预言："智慧之光将会照耀到人类的起源及历史的问题上。"

10 年之后，他实在不能再掩藏自己的思想了，于是在《人类传衍》及《人和动物情绪的表达》（1872 年出版）两书中提出他的想法。而华莱士虽然也是"天择说"的发现人之一，但始终不愿把天择运用到人类的心灵上面，他仍认为人心乃上帝所创；换句话说，人心是上帝在生物演化历史中唯一的贡献。相反，达尔文却一刀斩断西方两千多年来的哲学和宗教传统思想，并在 M 笔记本中有一段最有名的话：

> 柏拉图在他《费多》一文中谈到，我们"想象出来的主意"是因为事先有灵魂存在才产生的，而非因经验而生——且让我们看看猴子，来检验是否有事先存在这回事。

格鲁伯在评论 M 和 N 笔记时，认为唯物论在当时比主张演化更叫人恐惧。他仔细叙述了在 18 世纪末和 19 世纪初，种种对唯物论思想的迫害，并做了个结语：

> 几乎在任何一门学问里，都采用压制手段来消弭这种想法。演讲被禁止、出版品被审核查抄、教授被革职或遭到不被任用的命运；而且报章杂志上，还常常有猛烈的攻击或嘲笑。科学家或学者得到了教训，只得顺着这股压力去做：有的人公开悔改，承认原先的主张不对；有的人匿名发表文章，不敢现身，或者用修改过的、比较温和的形式谈他们的想法；而有的人干脆多年不发表任何言论。

白色恐怖

达尔文在 1827 年于爱丁堡大学念书时，就亲身体验过思想遭受钳制的恐怖。他的朋友布朗曾在该校的布里尼学会（布里尼是希腊名诗人，其《世界游记》为中古时代经典之作）发表过一篇论文，以唯物论观点讨论生命和心灵。经过激烈且冗长的讨论后，所有只要提到布朗论文的东西（包括会议记录中提到他要发表论文之事），统统都被删除了。达尔文在这次经验中，得到很深刻的教训，这可从他的笔记中窥得蛛丝马迹：

别谈我对唯物论的相信有多深。我只能说情绪、本能和天资是有遗传性的，因为孩子的大脑与其父母亲的相似。

而19世纪最激进的唯物论者马克思（1818—1883年，德国经济学家及社会学家）和恩格斯（1820—1895年，德国社会主义者，也是马克思的合作伙伴）两人，立刻就能体会达尔文在这方面的成就，并想利用他的激进理论来促进他们的政治主张。马克思在1869年写给恩格斯的信中，谈到达尔文的《物种原始》：

"虽然这本书用粗糙的英国方式来申论，但它对自然史的基本观点却完全符合我们的主张。"

在民间有一则传说：马克思曾经想把他的《资本论》（第二卷）献给达尔文，却被达尔文拒绝了。这完全是以讹传讹。但他们俩的确通过信，而且马克思还相当尊敬达尔文呢！我们曾在达尔文故居的书架子上，看到一本《资本论》，书内还有马克思亲手签名赠给达尔文的笔迹，且还自称是达尔文虔诚的仰慕者呢！但显然达尔文不太爱读德文，因为书的内页都还没用刀子切开。

达尔文的确是温和的革命家，他不但耽搁了好多年不敢出版自己的学说，而且绝对避免公开谈到他进化论中的哲学含义。

他在 1880 年写道：

"对我而言（不管是错还是对），我认为直接说理来反对基督教或有神论，都不会对大众有任何影响。要想促进思想自由的最佳途径，应该是科学进步后，人类对了解自我及万物，逐渐启明的功效。因此，我永远避开对宗教的讨论，而只专注于科学研究。"

然而达尔文科学成就的内涵，就是对西方传统思想的一个最大的挑战。到现在我们还未能蠡测它所真正破坏、影响的程度到底有多广大、多深远。例如，名作家科斯特勒不停地反对及抗拒达尔文的思想，原因就在于他不能接受其唯物观，而热忱地想要替活的生物再加上某些特别性质。

事实上，"奇妙"和"智识"应该是同样地被热烈拥抱的。难道只因大自然的和谐并非一种有计划的预先安排，就使得它的美丽减色？或者只因为我们的脑袋是由几十亿个神经细胞在运作，就让我们不再对心灵的美妙和潜力，予以欣赏和赞叹了吗？

我们得承认，实在没办法了解这究竟是怎么回事。

问 题

达尔文在 100 多年前提出的进化理论，仅仅是一种局部适用生物演变的进化理论，而不是一种完整的进化理论，因为它存在着许多重大的理论缺陷和逻辑悖论。例如，它把自然选择与人工选择割裂开来，它拒绝讨论智力起源问题，它完全排除智力因素在生物进化过程中的作用，它过度强调生存竞争而严重忽视生存合作。

它提出的"生物有无数多的中间状态"（即过渡物种）假设，至今没有得到化石的证明。而且，由于生物自始至终都处于进化过程，因此按照达尔文存在无数过渡物种的假设，我们今天就应该能够见到各种各样活着的过渡物种，但是事实并非如此。

事实上，达尔文的进化理论，既不能够解释人类社会的科学技术发展，也不能够解释从自然分娩到剖腹产的变化（这里不存在任何中间状态），乃是一种非常糟糕的进化理论，非常有必要用全新的进化理论去取代达尔文的随机演变进化理论。

千百年来，古代中国人相信生物是开天辟地之神盘古死后化身出来的，又相信人类是伏羲和女娲的后代（包括用黄土造成的人）。古代西方人则普遍相信各种各样的生物（包括人类）都是上帝创造的（神创论），而且是不变的（特创论），并相信最早的一对人是亚当和夏娃。

首先阐述生物进化观点的学者是法国人布丰（1707—1788年），他在《博物学》一书中认为，生物会在环境的影响下发生变异，从而引起物种的变化。由于受到当时宗教界、学术界和政界的压力，布丰后来被迫公开声明放弃自己的进化论观点。公元1809年，法国生物学家拉马克出版了《动物的哲学》一书，首次系统阐明了进化论，明确指出现在地球上的一切生物都是在自然界中长期发展形成的，生物经历了由简单到复杂、由低级到高级的发展过程。

1859年，达尔文出版《物种起源》一书。其中，第一部分是随机变异自然选择学说的提出，第二部分是对随机变异自然选择学说的辩护，第三部分是对若干具体问题的进一步解释。

据此可知，达尔文的学术思路是从借鉴家养（有人类智力因素）状况下的生物变异现象出发，将家养生物的变异现象与自然环境下的生物变异现象进行对比，从而提出生物随机变异在自然选择作用下的进化学说（排除任何智力因素）。显然，这里已经埋藏下一个深层次的逻辑矛盾。应当指出的是，达尔文对自己学说存在的理论难点和困境进行了某种程度的思考，结论则是这些难点都不能够动摇其信念；而且针对当时其他学者对其学说的批评，达尔文进行了详尽和反复的反驳和辩护。

达尔文在《物种起源》第三章"生存斗争"中写道："我把每一个有用的微小变异被保存下来的这一原理称为'自然选择'，以表明它和人工选择的关系。但是，斯潘塞先生所常用的措词'最适者生存'更为确切，并且有时也同样方便。"

对此，我们认为达尔文的进化论属于随机进化论，即生物进化现象乃是随机变异的自然选择过程。用达尔文的话来说，自然选择是对有利变异的保存或对有害变异的毁灭。自然选择原理不解释变异是如何发生的，而只对变异的结果进行解释。

达尔文进化论局限性之一：把智力排除在生物进化原因之外。值得注意的是，达尔文在《物种起源》讨论本能现象时，明确声明："许多本能是如此不可思议，以致它们的发达在读者看来大概是一个足以推翻我的全部学说的难点。我在这里先要声明一点，就是我不准备讨论智力的起源，就如我未曾讨论生命本身的起源一样。"实际上，拒绝讨论智力在生物进化中的作用，乃是达尔文在撰写《物种起源》时自始至终一贯的态度，而其学说的症结和弊端也正在于此。

达尔文进化论局限性之二：忽视人类社会发展的智力因素。

如果进化论是生物世界的基本理论，那么它就应该能够同时解释人类社会现象，因为人类归根结底也是一种动物。但是，达尔文进化论只能解释生物世界的进化现象和由猿到人的进化过程，却不能解释人类社会的飞速发展变化，这就表明达尔文进化论乃是一种存在重大理论缺陷的学说。道理很简单，随机变异的生物，通常都是缓慢渐变的而且是排除智力参与的生物。由于随机变异排除了任何形式的智力活动，因此也就不可能解释人类社会现象。虽然达尔文另外撰写了《人类的由来》一书，遗憾的是他仍然在忽视智力的作用，转而去强调"性选择"的作用。

达尔文进化论局限性之三：忽视生存合作。

达尔文在《物种起源》第三章写道："各种生物在其自然的一生中都会产生若干卵或种子，在它们生命的某一时期……一定要遭到毁灭，否则按照几何比率增加的原理，它们的数目就会很快变得非常多，以致没有地方能够容纳。因此，由于产生的个体比可能生存的多，在各种情况下一定要发生生存斗争，或者同种的这一个体同另一个体斗争，或者同异种的个体斗争，或者同物理的生活条件斗争。马尔萨斯的学说以数倍的力量应用于整个的动物界和植物界，因为在这种情形下，既不能人为地增加食物，也不能谨慎地限制交配。"

上述观点存在明显的理论缺陷。其一，许多生物的种子数量庞大，实际上乃是生物普遍具有的一种生存对策，为的是在复杂恶劣的环境中保留幸存者，只有在此之后才谈得上幸存者之间是否会发生生存竞争的问题。

其二，在同类生物个体之间，不仅存在生存竞争，同时也普遍存在合作现象，例如狼群分工合作进行捕猎，事实上所有的群居生物都体现着生存合作。进一步说，大量的生存竞争现象，其实质仍然是生存合作，例如雄性动物个体之间为争夺配偶进行的竞争，其价值在于维护并发展群体的基因优势。

其三，不同种类的生物之间，不仅仅存在生存竞争，同时也存在着彼此之间的合作现象。许多生物之间的共生现象就是生物合作的典型，甚至整个地球生物圈的食物链也可以视为一种合作，至于人类社会的成员之间更离不开合作。

其四，许多生物特别是某些动物都有主动减少生育数量的行为。例如，英国科学家发现非洲的黑猩猩能够识别若干植物的"避孕""堕胎""催情"功能，并在需要时采食不同植物以达成相应的生育效果；美国科学家发现南美洲的吼猴会食用不同的草药来决定后代的性别，当猴群的雄性数量减少时，母猴在交配前会特意食用某种植物，以便能多生雄性后代，类似的事情如今已经被大众所了解。

生物普遍存在合作现象，达尔文是没有理由看不到的。因此，他对生物合作现象的忽视可能有着内在的原因。这是因为，生存合作比生存竞争更需要智力的参与，更需要后天的学习过程，显然承认生存合作势必将动摇达尔文随机进化论的理论基础。

达尔文进化论局限性之四：过渡物种缺失。

在《物种起源》第六章"学说的难点"中，达尔文问道："如果物种是从其他物种一点点地逐渐变成的，那么，为什么我们没有看到无数的过渡类型呢？为什么物种恰像我们所见到的那样区别分明，而整个自然界不呈混乱状态呢？"他给出的解释是："因为自然选择的作用仅仅在于保存有利的变异，所以在充满生物的区域内，每一新的类型都有一种倾向来代替并且最后消灭比它自己改进较少的亲类型，以及与它竞争而受益较少的类型。我相信关于这一问题的答案主要在于地质纪录的不完全，实非一般所能想象到的。"

显然，这种解释是缺乏说服力的。道理很简单，如果生物进化是普遍现象，那么生物从古至今始终都处于进化过程之中，即使古代的过渡物种由于化石纪录不全而见不到，我们今天也应该能够见到目前仍然处于进化过程中的大量过渡物种。可惜，事实并非如此。这就充分表明达尔文进化论存在着严重理论缺陷，需要新的进化论来予以解释过渡物种缺失现象。

达尔文进化论局限性之五：生物没有半成品器官。

如果生物进化过程是随机的，缓慢的，那么我们就应该能够看到许多长着半成品器官的生物来，但是事实并非如此。达尔文在自己的学说里没有直接提出半成品器官问题。在《物种起源》第六章"学说的难点"中，他只是问道："一种动物，比方说，一种具有像蝙蝠那样构造和习性的动物，能够由别种习性和构造大不相同的动物变化而成吗？我们能够相信自然选择一方面可以产生出很不重要的器官，如只能当成拂蝇的长颈鹿的尾巴，另一方面，可以产生出像眼睛那样的奇妙器官吗？"

他的解释是："在这里，正如在其他场合，我处于严重不利的局面……依我看来，像蝙蝠这种特殊的情况，非把过渡状态的事例列成一张长表，似乎不足以减少其中的困难。"显然这种辩解是苍白无力的，因为半成品器官是没有用的，如果卵生动物是经由缓慢随机变异过渡成为胎生动物，那么这些中间状态

（例如半个子宫、半条脐带）的动物是不可能留下后代的，这种缓慢变异过程也是不可能成功的。事实上，对于那些精巧的、结构复杂相关的、不可降低复杂性的整体性功能的生物器官来说，经由随机变异而成功的可能性是微乎其微的。有鉴于此，在生物进化这个重大自然基本原理上需要新的原始创新，需要超越达尔文进化论的新进化论。

智因设计进化论认为，生物存在着DNA智力系统和神经元智力系统，生物既有随机变异导致的进化，也有智力主动参与所导致的进化。上述两种原因导致的生物变异（包括躯体结构变异和行为方式变异）都要接受"自然选择"的考验。

DNA智力系统主要由智因和基因两个部分组成，智因（可能位于所谓的垃圾基因和不表达基因区段）具有设计躯体结构的功能，基因具有制造、管理和复制躯体结构的功能。只有当智因完成新的躯体结构设计之后，才会交由基因去实施制造。相对人的大脑思维速度来说，智因设计躯体结构及其相应功能的过程相当缓慢（所需时间与复杂程度有关），而这正是大脑思维很难发现DNA智力系统的原因所在。对比之下，基因制造躯体结构的过程则比较迅速，这就是我们为什么看不到过渡物种和半成品器官的原因所在，因为它们只存在于智因的设计过程之中。例如，由蛹变蛾的设计过程可能需要多少万年，而把蛹重构成为蛾的制造过程则只需要十几天。此外，生物本能现象乃是在DNA智力系统和神经元智力系统共同控制下的行为。

据此可知，智因设计进化论不仅可以解释普通生物的进化过程，也可以解释人类社会的发展变化；既能解释达尔文随机进化论能够解释的现象，也能解释达尔文进化论难以解释的问题。

也就是说，智因设计进化论是一种比达尔文随机进化论适用范围更广的新理论。进一步说，由于智因设计进化论承认DNA是智力系统，承认动物的神经元也是智力系统，从而很好地解释生物智力（包括人类大脑高级思维）的进化过程，并有助于揭开生命起源的奥秘（涉及原始生命对间接信息的使用）。

第六章
追寻 ZHUIXUN WAIXING
SHENGMING
外 星生命

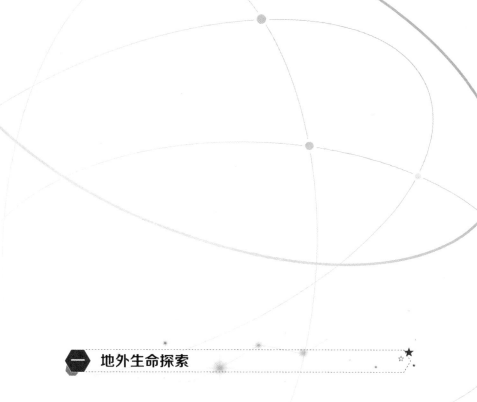

一 地外生命探索

　　彗星、小行星与星际星云之间的红外匹配，可以显示小行星和彗星含有起源于在初期太阳系聚集到一起之前的星际微粒的有机物的第一个直接证据。但也有资料显示出相反的解释——早期太阳星云中形成的有机物一部分聚集在小行星和彗星中，而一部分被太阳抛到星际空间。如果1000亿颗其他的恒星都是这样，它们就可以引起星系中星际微粒的严重摩擦。外太阳系中，来自最外层的行星之外的彗星中的星际气体和微粒中的有机物的普遍存在强烈地表明复杂的有机物——关系到生命的起源——广泛地分布在银河系中。

　　可是，在被紫外线和宇宙射线烘得干透了的星际微粒上的有机分子好像不大可能是生命起源的发生地。生命似乎需要液态水，而液态水似乎需要行星。天文观测越来越多地显示行星

图 6-1 这是哈勃太空望远镜在 2020 年 4 月 20 日（左）和 4 月 23 日（右），拍摄到的C/2019 Y4(阿特拉斯）彗星照片，左图中我们可以看到约 30 个碎片，右图中可以看到约 25 个碎片，这是迄今最清晰的C/2019 Y4 彗星分裂照片。彗星是地球生命的重要来源之一

系是普遍的。距离较近的太阳物质的年轻恒星有极大数目被气体和尘埃的圆环所围绕，这些圆环是科学家们解释我们星系起源所需要的。这些圆环提供了具有说服力的（尽管仍然是间接的）现象：即有大量的行星，可能包括类地行星，环绕着其他行星。

华盛顿卡那基研究院的乔治·韦瑟瑞尔已研制了详细的模型用来预告应该在这种环绕恒星的圆环中形成的行星。同时宾夕法尼亚州立大学的詹姆斯·卡斯汀也计算出了行星到它们的恒星的、可以在行星表面上维持液态水的距离范围。合在一起，这两方面的探索表明，一个典型的行星系应该包括一颗甚至可能两颗类地行星，环绕在液态水能够存在的距离上。

不久前，亚历山大·沃尔斯克等，也在宾夕法尼亚州，在一个大多数天文学家最不指望发现类地行星的地方明确地探测出了类地行星：它们环绕一颗脉冲星，这颗快速自转的中子星来自一次超新星爆炸。这几颗行星距其恒星比我们的地球距太阳近，PSRB1257+12 数次辐射带电粒子的能量与太阳在电磁辐射中一样多。如果所有被A、B、C行星截获的带电粒子转变成热，这几颗行星一定太热而不适于生命。但沃尔斯克发现了至少另外一颗离这颗脉冲星较远的行星的线索。据我们所知，这个表面上没有希望的星系，离地球 1 400 光年，可能包括一颗暗的但是适于居住的行星。我们有种种理由相信，有许多像我们地球那样的富水星球，而且每一颗都有丰富的有机分子补充物。那些环绕类日恒星的行星可以提供数十亿年的生命产生和进化的环境。在银河中难道不应该有大量的有生命居住的星球吗？

恒星系的摇篮

大家知道，恒星是由炽热气体组成的，能自己发光的球状天体。银河系内像太阳这样的恒星就有 2000 多亿颗。

根据前面旋爆说的初步描述，这 2000 多亿颗恒星，便是银河系在旋爆后形成的一级又一级远离银河系中心的次级星云旋收旋涡的中心。这些旋收旋涡的演化规律几乎与银河系旋爆规律是一致的。所不同的是，它们只拥有单个旋臂，而且只是银河星云旋臂的某段残臂而已。

在这样的星云运动演化进程中，不断收聚在一起的星云旋臂，其中心部位同样会不断富集氢气等质轻的气体物质，直到产生新核聚变，同时向它们的周围喷发出当量强大的冲击波与振动波。

这样一来，正在围绕旋涡中心做旋收运动的旋臂，必然再一次受到来自恒星爆炸的冲击波、振动波的冲击。并按照冲击波——纵向振动波——反射波——波驻——后进旋臂星云的冲击规律进行了一次新的演变。这就是围绕恒星旋转的行星胚

图 6-2　大麦哲伦星云的一个恒星形成区

图 6-3 这幅信息图比较了银河系中三类恒星的特征：类日恒星被归类为 G 型恒星；质量比太阳小、温度比太阳低的恒星是 K 型矮星；更暗淡、表面温度更低的恒星是颜色偏红的 M 型矮星。这张图表根据几个重要的变量对这些恒星进行了比较。对于温度更高的恒星来说，其宜居带更宽，更有可能有存在生命的行星。M 型红矮星的寿命可以超过 1000 亿年，K 型矮星的寿命从 150 亿～450 亿年不等，而太阳只能持续 100 亿年。M 型恒星发出的有害辐射（对我们所知的生命而言）是太阳辐射的 80～500 倍，而橙色 K 型矮星辐射则仅是太阳辐射的 5～25 倍。红矮星占银河系恒星数量的大部分，约 73%。类日恒星仅占 6%，K 型矮星约占 13%。当这四个变量得以平衡，最适合孕育高级生命的恒星是 K 型矮星

胎——行星星云旋收旋涡的形成过程。

这些行星旋收旋涡，按照其运动规律，其中心部位依然会聚集相当数量的以氢为主的气体物质，但是这时它们的体积，几乎没有一个可以达到热核反应的条件了（有些天体物理学家以体积不超过太阳体积的 0.07 为限制条件）。所以，这些星云旋收旋臂便慢慢而又安全地旋聚在了一起，直到凝聚为球状，成为固体或者流体状的行星。它们与处于中心地位的恒星一起，组成了一个又一个的恒星系的大家庭。木星、土星等地外行星均因自旋速度过快，离心力较大，致其表面呈流体状态。而固体星球是因旋聚力较大，放射性物质的反应等使星球内容溶融，火山喷发，故而自转速度较慢的近地行星均为固体表面。因此，可以说，二级旋爆是恒星系的最后一个摇篮。

然而，最先的星云来源于何处呢？我想，有关"黑洞"是星体"屠宰场"的描述是有一定道理的。倘若如此，宇

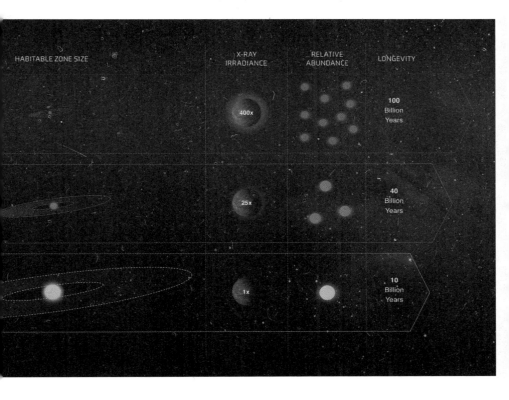

宙的"起源"便是一种周而复始的物质运动状态，而星体的"起源"，即是这二旋二爆的必然产物。

智能生命之谜

　　但是，曾经是物理学家、宇宙学家及梦想家的斯蒂芬·霍金给热衷探索外星生命的科学家大泼冷水，还把外星人造访地球，形象地比喻为哥伦布发现新大陆，"土著"的地球人将处境不妙。这位继爱因斯坦之后最著名的科学家执着地相信，地球之外几乎可以肯定存在外星人，但人类不要努力去寻找他们，以免沦为当年美洲印第安人的悲惨命运。

人显言重，霍金的话一出口，立刻引起世界范围的轰动，已远超出科学与专业的范畴，给原本并不太热的外星生命探索猛加一把火，使很多怀疑论者开始转变观点，加入到支持探索的行列。

关于广袤太空是否存在智能生命，科学界始终存在两种不同的观点：一种观点认为地球和人类都是浩渺宇宙的普通成员，没有什么特别之处。因为现代科学已经证明，孕育智能生物的地球上的物质元素与遥远星球上的物质元素本质上是相同的，这至少说明诞生原始生命的基础是十分接近的，而茫茫宇宙中又存在着大量的与太阳系类似的星系，只要有一个星系的行星具有与地球相似的条件，生命就会诞生，并开始从低级到高级的进化演变。另一种观点与此相反，认为地球和人类都是特殊的存在，从地球与太阳的距离和角度到大气层与水的获得、释放，都是无数特殊条件下生发出无数巧合使然，才使地球进化出人类。而这些无数特殊与巧合是根本无法重复和复制的，宇宙出现两个完全一样星系的可能为零。稍有不同或变更，生命便难以出现，文明更无可能。

正如爱因斯坦晚年陷入统一认识不能自拔一样，大师也有迷惘的时候。假如外星人造访地球意味着人类灾难的话，那就是福不是祸，是祸躲不过。人家存心要奴役我们，我们假装看不见人家，也是无法幸免的。就像狮子盯上了羚羊，我们在明处，人家在暗处，与其闭目塞听，还不如睁大眼睛，积极寻找应对办法。

更何况，积极探索外星生命，有助于我们更深刻地认识自己在宇宙中的地位。从哲学上看，探讨这一问题的过程，可使人类清醒地认识到自己的渺小与卑微，理智地放弃唯我独尊、轻视一切的傲慢；从科学上讲，对宇宙空间的探索开发，有效带动了人类高科技的不断进步，而与外星人联系的结果却逐渐退为次要。

只问耕耘，不问收获，坚持不懈地搜索地外文明将为人类提供一种历史连续感。这种连续感有助于人类赢得更美好的未来。

外星人无疑是玩"躲猫猫"游戏的高手，原因很简单，人类蒙着眼把数都数到上亿了，他们才藏好，于是乎，寻觅便成了既烦琐又繁重的浩瀚工程，其中唯有辛劳没有浪漫，唯有勤勉没有懈怠。像执着无悔的尤利西斯，人类一次次将探索的巨石推向山顶。每当希望之光初现，我们即将欢呼雀跃时，滚落巨石的轰鸣总是把我们的希望砸得粉碎。

好在人类的优秀品质是顽强，像尤利西斯一样不停推动着探索的石块，自信总有一天能敲开未知世界的大门。

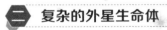 ## 复杂的外星生命体

原子、离子和电子融合后变成庞杂的生物体系统，该系统能使生命从微观水平上的相互作用转换到宏观水平上的相互作用，必要时，还可从宏观水平转换到大尺度超宏观水平。譬如，对彗星、小行星、行星的卫星的运动施加影响，有时还可对大行星甚至恒星的运动施加影响。

作为高度发达文明的生物生命，原则上还能做到这一点：他们甚至能制造出某些大型技术系统，这些系统能对超宏观水

平的关键过程施加影响。

很显然，由分子生命产生出来的夸克-胶子生命，不仅是按照上述那些原理，而且是按照上述那些方向发展的。夸克-胶子生命还应该沿着朝外星文明越来越大的系统轨道的路径继续发展，直至它拥有能控制总星系这种庞大系统的方法为止。

夸克-胶子的尺寸还不到 $10^{-10} \sim 10^{-15}$ 厘米大，也就是质子和中子的几千分之一，原子的几百万分之一，生物分子的几十亿分之一。因此，对夸克-胶子生命而言，控制分子系统就像我们地球人控制比我们的身体大几百万倍甚至几十亿倍的超巨大物体一样。

假如存在智能微生物，而且它是由夸克型物质构成，它的大小不比微生物大。倘若这种智能微生物想要驾驶汽车，最简便的方法可以这样做：钻进汽车司机的脑子里，对司机脑内的每一个神经元按照自己的意愿施加影响，以便让司机操纵汽车朝智能微生物需要的方向行驶。这跟大生物屈从于小生物的道理一样，不难想象出，作为夸克-胶子生命的外星文明的超微小生命体的情况，也是大概如此。倘若跟夸克相比，我们和汽车是如此巨大，可是，恒星之间的距离对我们而言又是多么遥远。外星人"思考"问题的速度又是如此之快，外星人似乎觉得，对地球人来说，银河系的旋转速度甚至比地球人的思维和谈话要快上100亿倍。对外星人而言，一秒相当于160个总星系的运行周期，而这一秒对我们地球人而言，则相当于400亿年。如果不考虑在外星人体内还有大量同时工作的程序处理机，我们跟外星人的惊人悬殊就在这里。

看来，不止我们地球人类，就连总星系中的所有生物文明和生物圈都处于几部无比巨大的机器的这种位置和状态之中。这些偌大的机器在需要启动时，由夸克-胶子外星文明将其控制在某种程度。在已经存在发达生物生命的总星系所有"生态领地"中，或生物文明将来可能会"移民"所去的未开发的"生态领地"，都早已设下外星人的伏兵暗哨。在那里建立起对外星人而言的超巨大系统和对我们地球人而言的巨大系统——物理效应系统、信息系统和监控系统，外星人借助这些系统对生物圈和生物文明进行监控。

这样一来，外星文明把总星系中的全部生物文明融合成一个统一系统后，便开始在所有宇宙的所有总系统中扮演这样一个角色——把所有这些宇宙中所有总星系中的智能生物再变成一个统一系统。而永久智能生物的任务是，把所有宇宙中的所有总星系的外星文明融合到一起，进而形成这样一个超总大系统。通盘考虑智能生物和物质的相互关系，这些术语常被称作"绝对智能""宇宙之灵"……这让人难以想象这究竟是些什么。

计算机型高技术生命可能是由这样一些部分构成：多次复式普通存储器网络，还有几种导体型逻辑元件、半导体、绝缘子和绝缘子组，这些绝缘子组都是以二极管、三极管和与其类似的元件的形式出现在电路中。

夸克-胶子中央计算机多半也是由种类有限的重复元件构成的，大概具有这样一些逻辑功能："和""或者""是""不是""有""没有""如果""那么"以及用于存储单位或 0 的存储器元件。

生物分子生命的构成相当复杂，最简单的细菌只有 1 微米 × 3 微米大，其质量总共也不会超过 6×10^{-13} 克，2/3 由水构成，其余成分是蛋白质、游离氨基酸、核酸、脂肪和糖。这种细菌由4000万个大分子和中分子构成，分子中还有 10～100 000 个原子。这些原子连同那些小分子一起参与 2000～5000 种化学反应。化学反应周期历经 20～30 个阶段，参与到这些化学反应周期的还有能增加几百万次乃至几十亿次反应的催化酶。一个催化酶分子一分钟内能产生 100 万个分子，并以这一速率周期性改变它的空间构象。要知道，细胞中约有 1 万个核糖细胞器，这些核糖细胞器曾一度是独立的微生物并保留着自身的DNA（脱氧核糖核酸），这些DNA作为共生体很早就已成为所有细胞的组成部分。在由几百个或几千个 3 种氨基酸小分子构成的核糖中，蛋白质分子按照严格的固定顺序被组合到一起，同时，细胞中含有 10 亿个氨基酸分子。只有这 10 亿个氨基酸分子的 1%含在蛋白质中，其余的氨基酸分子则处于"备用"和"工作"状态。在核糖核蛋白体中，蛋白质按照DNA分子中的"施工图"聚集和组装，这一聚集和组装的速度约为在一个核糖核蛋白体中每一秒组装大约一个蛋白质分子。有大约 1 万个被复制的部分DNA将以RNA（核糖核酸）的形式，每时每刻进入核糖核蛋白体内。在细菌的DNA中含有 600 万～1500 万个 3 种氮碱。然而，在人的DNA中，这种氮碱多得很，约有 30 亿个。在人体的每一个细胞中，蛋白质的种类约达 100 万种。人体内的细胞总数超过 100 万亿个，其中 90%是寄生细菌、共生体和病毒等，它们每天要发生约 10 万次突变。

科学家确认，我们的任何一门科学正在成为真正的科学，具有数字预测能力是科学的一个显著特点，当科学发展到微观水平的过程时，仔细研究大量统计及其过程将被纳入科学范畴。

然而，对外星文明的科学而言，微观水平不是原子–分子水平，而是夸克–胶子水平，抑或达到更高深的水平。

可见，分子的构成如此复杂，它们在如此复杂的细胞中工作，这些细胞犹如在人的如此超复杂的机体中一样，许多极复杂的系统相互联合在一起。这些细胞很可能是外星人倍感兴趣的奇迹和叫人琢磨不透的很硬的"小坚果"，可能只有具有这种"超级脑"的外星人，才能通过预测洞察和应对"小坚果"的表现。由于外星人胜于人——这种精巧机智的"机器"发挥功能对寿命做出预测，而且错误率只有2%，这就是说，外星人能完全搞清人的极复杂机体中所发生的一切过程以及能缩短和延长人的寿命要素对人体的各种影响。

当然，由于机体内的所有分子以每秒几十万亿次甚至几百万亿次的振频发生极快的振动，在对时间流逝速度的快速活动和贪图上存在巨大差异。然而，这一振频在我们地球人看来似乎极高，而在外星人看来简直是太低了，分子的每一次振动速度对外星人来说慢到如此程度，这就像对我们地球人看来只是星系巨大运动速度的几十亿分之一一样。

综上所述，可得出一个结论，外星文明对生物文明和生物生命感兴趣的原因，在我们地球人看来唯一的理解是，生物文明的生物生命是数目巨大、十分复杂且不断发生变化的研究对象。作为外星智能生物的"超级智能生物"，可以在生物生命和生物文明存在的整个期间里，紧锣密鼓地对其活动、行为和变化进行监视和预测。这就像人能在电子游戏中找出相当妙趣横生的事一样，外星文明也为自己找到了日常"娱乐"——使自己满负荷工作，其任务是，对生物个体在其生存期间的演化进

行预测，对作为人和人类社会体系的这种超复杂系统或类似生物文明的决策、作用和行为进行预测。

三 探索太阳系

那历经漫长的探索，就人类目前已经获知的信息，哪些星球上最可能有生命存在呢？

我们按可能系数的大小，由小到大逐一介绍 5 个天体。

首先需要说明的是，就人类目前的科技水平只能在家门

图 6-4 这幅插图显示了美国航空航天局的"蜻蜓"旋翼机着陆器正在接近土卫六（泰坦）。利用泰坦稠密的大气层和低重力，蜻蜓将探索泰坦冰冻世界的几十个地方，取样并测量泰坦地表有机材料的成分，以研究泰坦环境的可居住性

口——太阳系内探索，迈出太阳系，还别提河外星系，只无垠苍茫的银河系我们已经勉为其难了。

　　先说木卫一吧，木卫一最靠近木星，比月球稍大。它距木星的距离是 422 000 千米，直径为 3630 千米，有大气层和火山活动。当"旅行者1"号探测器于1979年3月飞越木卫一的上空时，发现有 7 座火山正在猛烈喷发，而当"旅行者2"号近半年后再次光顾木卫一时发现，仍有 6 座火山在持续喷发。木卫一上火山喷发的物质大多数是硫，它们与氧的化合物冷却下来后遍布木卫一的表面，使之呈现出一片橙红色。让科学家对木卫一产生生命联想的是，它火山喷发形成的产物与当今地球海底火山裂口中冒出的物质十分接近。

与外太阳系的其他卫星形成鲜明对比的是，木卫一主要由硅酸盐岩石组成，密度 3.6 克／立方厘米，这与类地行星的组成成分有些相似。"伽利略"号探测到的数据显示，木卫一有一个半径至少有 900 千米的铁核（可能混有铁的硫化物）。

火山、岩石和稀薄的空气，这些特征与地球形成初期的情况非常近似。

虽然木卫一的某些特征为生命的存在创造了条件，但木卫一存在生命的可能性却不高，因为它处于木星的磁场之中，任何生命形式都无法忍受那强烈到足以致命的辐射。况且它险恶的地表环境也不适合生存，还有它喷射出的熔岩和剧毒气体也会使任何生物顿时毙命。

用一半是海水一半是火焰来比喻木卫一是再贴切不过了。它上面被海水包裹，下层却是熔融的火焰。火山活动可以提供维持生命所需的热量以及有机体必需的化学物质。美国伍兹海尔深海生态学家蒂莫西·尚克认为地球海底热液出口存在着许多生命形态，而与此极为相似的木卫一海底热液出口也可能存在着微生物。

拥有液态海洋的木卫一，被认为是太阳系中除地球之外最有可能存在生命的星球之一。近年来通过对于木卫一磁场的观测，确认了其冰层下液态海洋的存在。科学家推测，这一海洋同样也可能孕育出生命。

木卫一在其冰壳之下有一个含盐的、全球性的海洋！由于木卫一环绕木星的奇异轨道引发的潮汐力，使表面非常冷的冰层普遍发生破碎和变形，在冰层表面下 10～19 千米处可能存在水。这使那些认为地球以外有适合生命存在环境的人兴奋不已。

美国科学家公布的研究成果认为，木星的卫星木卫一上所具有的各种元素，应该可以满足生命存在的最低要求，这是人类关于木卫一上是否存在生命的争论的最新进展。

然而，即使木卫一上绝大部分液态物质都是水，那里也不可能存在氧气，并且由于冰川的覆盖，太阳光根本无法照射进来。而地球上的绝大多数生物都是要依靠氧气和阳光才能生存的。

在说土卫二和土卫六之前，先讲一个小插曲："二战"结束后，美国为摆脱用原子弹杀人的恶名，拟定实施登陆土星的"俄丽翁"计划。土星距离地球有 12 多亿千米，就是光速也要走上一个多小时。美国科学家设计出的火箭重达万吨，估计用 3 年的时间抵达土星，除大量科学仪器外，还将近百位科学家一齐送上土星。

始作俑者是参加过"曼哈顿"计划的波兰裔科学家斯坦伊司劳·乌阿姆。乌阿姆率领来自 16 个国家的近 50 名科学家历经 7 年的反复研究论证，从未发现任何不切实际之处，当然，这期间他们克服了一个又一个困难。就在该计划将要付诸实施时，美国政府又被可短期见效的"阿波罗"计划所吸引，决定放弃"俄丽翁"计划。后来有了解内情的人士透露，美国当初急于制订"俄丽翁"计划就是想抢先占领可能具有生命存在的地外行星，为最终称霸太阳系奠定基础。终因难度太大，无奈放弃。由此可见，土星与生命的重要关联。

土卫二是土星的第 6 大卫星，一直被科学界认为是太阳系有可能孕育生命的宝地，它的表面既有适宜的温度，又有丰富的液态水和简单的有机分子。科学家认为土卫二冰冷表面的99%是由冰水物质构成，其表面之下很可能流淌着液态水。2005年，"卡西尼"号太空探测器飞越土卫二时，勘测到其表面确实存在着碳、氢、氮和氧气，这些有机物质被认为是孕育生命的必要元素。此外，土卫二还具有一个沸腾的熔化岩石内核，为孕育生命体提供了适宜的环境温度。

提到外星生命，让圈内科学家眼前一亮的无疑是土卫六，也就是"泰坦"。在人类已知的地外星体中，存在或将要出现生命的，几乎很少有能超过"泰坦"的了。它体形硕大，超过了作为行星的水星，它有致密的大气层，有超高温内核，有固态水，在它的空气中含有多种化合物，比如甲烷就能在阳光的照射下分解，这就意味着活有机体的存在。尽管它的温度只有-185℃，科学家仍然发现了越来越多的存在生命的潜在物质。NASA"惠更斯"号探测器在2005年发现，"泰坦"表面有液态甲烷。2010年5月，发现氢气和乙烷的结合物。所以说，"泰坦"即使现在没有生命，那它孕育生命也只是个时间问题。

科学家形象地将"泰坦"比喻为一块被大量冰和尘土包裹的岩石。令人惊奇的是在其上方却有其他卫星所没有的东西——一层充足的大气，大气压比地球的气压高出一半。更令人费解的是，它的大气成分主要是氮（氮也是我们地球大气的主要成分），还有少量的碳基化合物。所以，类似地球上化学反应的所有现象都可能在"泰坦"上发生，在它的表面或内部存在大量的复杂有机分子，可以说是毫无疑问的。

因为距离太阳实在太遥远了，所以在"泰坦"上看到的太阳就像是一个只有 15 瓦昏暗的电灯泡。土卫六大气吸光能力很强，可吸收落在它上面阳光的 80%。这些热量大部分被大气中的雾粒和甲烷气体吸收，也许只有 5% ~ 10% 的阳光能到达土卫六的表面，故而它表面的温度极低，在 -210℃ ~ -190℃，在这样的温度下水像岩石一样坚硬，所以氧被锁在深深的地下。

因为距离和百闻不如一见等原因，人类最终还是把目光锁定在力所能及的火星。在太阳系，除了月球，人类最熟悉的可能就是火星了。火星是太阳系大家庭中和地球最像的兄弟，虽然现在由于时间流逝，稀薄的大气层不足以抵挡致命的太阳光辐射，但是火星早期的环境也许更适合生物成长。

NASA "机遇" 号火星探测器对火星维多利亚陨坑进行了为期两年多的勘测发现，早期火星曾有面积相当于俄克拉荷马州大小的一片地下水层。该研究为科学家如何研究火星表面提供了清晰观点。科学家们称有足够理由怀疑火星地表之下存在着液态水，因为火星两极地区分布着大面积的水冰。所以火星上很有可能存在微生物，在地表和火星内部进行着化学物质交换。

"机遇" 号火星探测器抵达火星表面长达五年多时间，抵达维多利亚陨坑展开勘测也有 952 天。在为期两年多时间的勘测中，"机遇" 号沿着维多利亚锯齿状边缘进行了探索，同时它也发现了陨坑中远古时期存在水的迹象。它在这里发现了与奋进陨坑中相同的富含硫酸盐矿物质砂岩，这是水风化岩石中矿物质的证据，水分蒸发之后析出盐质，并最终在岩石中形成固体矿物质。这项研究显示火星早期液态水曾存在于奋进陨坑和维多利亚陨坑，暗示着水可能跨越存在于整个火星子午平面地区。

尽管人类可以乘坐航天飞机赶到火星，但火星上不利于人类生存的条件还是非常明显的。火星比地球寒冷得多，平均温度−60℃～−40℃。火星上存在宇宙高能离子辐射、宇宙磁场（电磁辐射），对人体健康极为不利。只要在火星上待不长时间，就可能因辐射而患上各类癌症、白内障以及神经系统受到伤害后的各种疾病。

此外，由于火星引力只有地球的38%，大气压仅有地球的1%，因此火星上的微重力环境也是对人类生命和健康的挑战。

有科学家为火星探测制订了四步走设想：第一步是2015—2030年，在火星上的隐蔽之处使用能有效降低辐射的建筑材料建造房屋，主要任务是探索和分析火星气候、辐射状况、寻找使生命赖以生存的环境和火星存在的生命。第二步是2030—2080年，用50年时间在火星上建造化工厂和核电站等，目的是形成温室效应，使火星的温度有所上升。第三步用35年时间，让成功生长的植物使大气层逐渐加厚，二氧化碳和水能从地下渗出，人类可以在火星上自由行动。第四步是2115—2150年，完成火星适于人类居住的全过程，不同格局的火星城初具规模，人类开始成批移居火星。

到那时，人类是否能在火星找到生物已并不重要，因为人类已然成为火星的主宰生物。

第七章

地球：生命的摇篮

SHENGMING DE YAOLAN

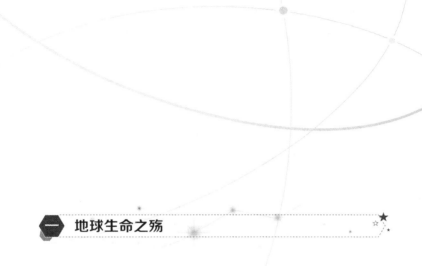

一 地球生命之殇

　　我们人类赖以繁衍生存的地球从一开始就处在动荡不安之中。它在茫茫的宇宙一隅，默默地环绕太阳运转了 45 亿年，经历了一场又一场宇宙灾难，度过了一次又一次险境。

　　1984 年 2 月 6 日，《北京日报》第 4 版以《我国首次发现陨石坑》为题发表如下报道：

　　广东省始兴县龙斗畲锅状盆地，最近被地质科学工作者证实为中国首次发现的陨石坑。这个陨石坑位于韶关市东南 45 千米处，直径为 3 千米，深度约为 250 米。在由电子计算机处理的彩色卫星照片上，可见陨石坑呈圆形，坑底呈放射状擦糟，由坑中心向外呈完整的放射状。

　　所谓陨石坑，就是地球形成之后残留在它周围的大大小小的陨石在各种力的作用下，像威力巨大的炮弹一样坠入地球大气层，以一定的速度轰击地球时留下的累累坑穴。这些坑穴的直径有大有小，但一般都呈环形地质结构，坑底有明显的辐射状痕迹。现已查明的大型陨石坑约有130多个，遍布全世界，但数加拿大的陨石坑最多，其中著名的有新魁北克陨石坑（直径为3.2千米，是500万年前一颗巨大陨石坠落时留下的）和马尼古阿甘陨石坑（1954年发现，直径为70千米，是2.6亿万年前后一颗直径为3.5千米的陨石撞击地球时留下的伤痕）。

世界各地发现的重要陨石坑大致可分为两类，用美国陨石学专家R.格里夫和P.罗伯逊的话来说，一类叫轰击型，一类叫爆炸型。轰击型就是像炮弹一样着落地球时留下的陨石坑；爆炸型即是陨石钻入地壳后遇到岩层的阻滞而产生巨大热量，致使陨石爆炸而完全雾化，坑底留有玻璃状残片。

公元前1万年的灾变

法国学者J-L.贝尔纳在他的《奇事录》一书中，对公元前1万年发生的一次罕见的地球灾难有这样的一段叙述：

在公元前1万年左右，地球上发生了一连串的重大事件，其危害遍及全球。口头流传下来的传说同现代科学的考证都证明了这一点。试举那时期的几个事件如下：①欧洲的最后一次冰期宣告结束，极地向北推移至目前这个位置，结果，撒哈拉地区大闹干旱，出现了大面积的沙漠化；②大西国的厄运成为现实，大西国诸岛沉沦洋底；③东非突然出现几座大山，而与此同时，一个内陆海（尼罗河的源头处）和一个群岛（普恩特群岛）从地球上骤然消失；④安第斯山突然隆起，太平洋上一系列群岛

图 7-1 《吉尔伽美什史诗》，是来自美索不达米亚的文学作品，图为记载大洪水章节的一块泥板

瞬间消失。造成了复活节岛今天这个孤独的处境……

　　这段叙述仍然是不够全面的，而且也有不当之处。贝尔纳把一个短期内发生的事串连起来，有些事件纯属假设，这就难免会影响他的结论的可靠性。不过，贝尔纳立了一功，他经过多年的调查研究，发现公元前 1 万年（这当然是个大概数）是地球和人类史上一个重要的日子。

　　我们首先要问，那个时期真的发生了世界末日般的灾变吗？各国学者的观点始终相悖。最后一次冰期结束得异常迅速，这一点是肯定无疑的。冰期结束的两个后果是，气温上升和海洋水位的升高（100 ~ 180 米，各个地区有所不同）。水位的上涨彻底改变了地球上海岸的面貌，大片陆地被浸入海底。

　　不少科学家把冰期的结束归因于极地的迁移，或者说，归因于岩石圈—地壳的滑动（即地壳在富有弹性的软流圈上漂移）。这次地壳滑动可能持续了几十年甚至几百年，大大地改变了北半球冰层的位置，原来位于陆地地层的冰搬移到了北冰洋一带，这样，冰层就不如在陆地上那么稳定。这个观点似乎站得住脚，但至今未能找到确凿的证据，因此反对者也大有人在。

天文学的进步为公元前1万年大灾变提供了两种解释。

1972年，美国的"陆地卫星1号"人造卫星在阿拉斯加荒漠的山区发现了西泰勒门卡特陨石坑，它的年龄为1.2万年。据说最后一次冰期的结束同落在那里的巨大陨石有关。

早在1969年，美国一批地质学家和地理学家就对西泰勒门卡特地区进行了考察。那时人们还不知道那里是个陨石坑，因为地表没有什么特别的迹象，只是有一个直径为12.4千米的圆形地块，地面下陷，最深处在500多米。在当地的方言里，它的名字意为"山丘中的湖"。那里确有一个小湖，直径只有3千米。下陷区的岩石含有大量的镍，而且在周围地区的岩石里也有这样的金属。当地的磁场也不正常，这说明那里曾发生过巨大的撞击事件。

在地面上难以解决的问题，很快就被人造卫星解决了。"陆地卫星1号"送回了无可争辩的资料。1976年空中考古活动又证实，西泰勒门卡特陨石坑壁上有不少裂沟。这样，专家们才确认那是一个陨石坑，地球曾蒙受过一次严重的灾难。

科学家们一致估计，跌落在西泰勒门卡特的陨石撞击地球时放出的能量约为1.1×10^{20}焦耳，这个能量相当于造成严重灾难的1815年坦伯拉火山爆发和1960年智利大地震能量的总和。这个能量从宇宙演变的角度来说是不足挂齿的，但它足以使地壳开始在软流圈上漂移，或者足以加快正在漂移的速度。在漂移了几十年或数百年后，地球的极地移到了目前这个位置。

关于星伤的争论

陨石坑又叫星伤。1950年起，人们在地球表面不断发现巨大星伤，但星伤这个名字直到1960年才由地质学家迪茨根据他的地球撞击学说率先提了出来。大家通常会把星伤和陨石坑等同起来，其实两者是有区别的：星伤指的是年代久远的撞击着陆点，陨石坑多半是较近的容易判明的环形坑。

长期以来，一些天文学家和地质学家怀疑散布全地球的某些小陨石坑是否真是陨石造成的。美国亚利桑那州的一个陨石坑自古以来就有，当地居民已不知道它的确切年代了。20世纪初叶，有关方面进行了调查研究，得出结论说，曾经有一个重1000万吨的陨石坠落在那个坑的南侧，钻入地球400～500米深。一家拥有8.5亿美元资本的公司于1920年正式成立，专门开采这个陨石坑内的矿物。据这个公司估计，它可以开采到920万吨铁、60万吨镍、20万吨铜、白金和铱。可是后来，这家公司只开采到数量少得可怜的铁和镍，不久它便宣告破产了。

就亚利桑那陨石坑的问题，学术界曾有过一场持久的争论。有人说它确实是天外飞来的巨大陨石轰击而成的，这方面的论据似乎比较充足；也有人说这是一个火山喷发口，但拿不出什么令人信服的理由来。这场争论持续了半个多世纪，直到在1953年的一次国际会议上，大多数科学家才以同意陨石轰击论宣告这场论战的结束。

那么，科学界为什么迟迟不能采纳这个理论呢？法国行星

图 7-2　丹尼尔·巴林杰是第一位将一个地球上的地
质形态确认为撞击坑的人，他指出美国亚利桑那州
的巴林杰陨石坑是一个撞击坑

专家米歇尔·孔布先生指出，"原因很简单，因为在地球表面，一直没有发现天文学家们天文望远镜里观察到的月面上到处可见的那种大面积的陨石坑。"正是因为这个缘故，科学家们长期认为，我们的地球在宇宙中得天独厚，没有遭受过月球那样受到陨石猛烈轰击的灾难。这是科学短视的结果，同时也是某种心理的反应。众所周知，在1950年以前，谁要是说我们地球遭到过宇宙中小行星的袭击，大多数科学家是会毛骨悚然的。1908年6月30日发生在苏联西伯利亚通古斯地区的大爆炸，乃是一颗陨石在空中燃烧气化所致，因而大家就认为任何大的陨石坠入地球大气层都会在撞击地面之前就炸成齑粉。

可是，科学总是冲破种种陈规陋见，不断前进的。目前，科学家们接受了地球受过陨石轰击的理论，同时指出地球是"活火星"，地表的一切形状都在变动之中，这是与月球完全不同的（因为月球已是停止活动的星体，它至今仍保留着形成初期所具有外表）。地球上的火山口不过是个暂时的现象，它们很快就会消失或被沉积物所填平，大地构造活动和地壳均衡运动都会深刻地改变火山口的面貌。

从20世纪50年代初起，事情就发生了根本的变化，特别是科学家们的思想状态已完全不同于先前了。在加拿大和美国的地质学家及地球物理学家的艰辛努力下，星伤——宇宙天体轰击过地球——这一理论得到了充分的证实。加拿大新魁北克陨石坑的发现在科学界产生了一股热潮，加拿大政府还制定了一项规模宏大的用摄影技术寻找陨石坑的计划。出乎学者们的预料，该计划的实施取得了惊人的成果。

对星伤的研究从此有了新的飞跃，星伤学应运而生，迅速变成了一门多学科交织成的崭新科学，它包括了地质学、地球物理学、物理学、宇宙化学、岩相学、矿物学、宇宙考古学等。这样就唤来多方面的专家去研究星伤。在这以前，人们只是从坑内和坑附近寻找陨石残片来证实星伤的可能性，但现在可以从各个方面来考证陨石坑了，这就为查明星伤提供了更多的机会。比如说，如果一个巨大陨石在未撞击地球前就爆炸气化，那么科学家是找不到它的残片的，但地质学的冲击变质理论却可以证明这样的爆炸造成的星伤。

欧美的一批学者在 20 世纪 50 年代掀起的星伤学热潮的鼓动下，跑遍了世界各地，陆续发现了不少大小不一的陨石坑。美国和法国的南极考察队在威尔克斯地区的冰层下也发现了一处巨大的星伤，其直径竟在 240 千米之多。通过对上百处星伤的研究，科学家们得出了一个令人震惊的结论：星伤年龄的长短，取决于地球各个地区的环境条件。在地质稳定的地区，特别是地盾带，星伤可望保存更多的时间；而在地质活动区，它们的寿命就要短些。这就部分地说明了为什么加拿大的国土上今天存在着那么多的星伤。

不难理解，直径只有数十米的星伤用不了多久就会被自然力从地球上抹去，数百年后便会面目全非无法辨认。直径千米以内的星伤都是第四纪或第三纪的，从地质学角度来看，它们都是新近形成的。

目前，世界上一般是这样估计星伤年龄的：①直径 1 千米左右的星伤约 100 万年；②直径数千米的星伤 1 千万~1 亿年；③直径 10 千米以上的星伤约数亿年；④直径 100 千米以上的星伤 10 亿～20 亿年；⑤直径在 150 千米以上的星伤年龄仍在

20 亿年以下。

科学家们一致认为，地球上的任何星伤的年龄都不会超过20 亿年，这是迄今得出的最为重要的一个结论。因为 20 亿年前地球表面大量存在过的陨石坑都早已消失，即使有个别的残存下来，也已经面目全非无法辨认了。

由陨石坠落轰击成的星伤，其直径大小不同，它们的形状也很不一样。拿直径小于 100 米的小星伤来说，地面遭到的破坏呈机械力残迹状，陨落的物体重量一般较小，冲击速度每秒钟不超过 1.2 千米。坠落物撞成的无数碎片，在陨石坑内部和周围的岩屑堆积中都可找见。这样的陨石坠落所产生的能量是微不足道的。

然而，对于直径在 100 米以上的星伤，情况大不一样了。至于直径在 100 千米以上的星伤，则更是如此。在这种情况下，地面遭到的破坏留有爆炸的痕迹，陨落的天体在同地面撞击的时候完全气化。因此，在星伤内部或周围地区只能找到这个天体的少量碎块。一个巨大的物体自天而降，突然受到地面的阻力，它便得到了巨大的负加速度，当它钻入地面一定深度——有时这种深度相当于它直径的好几倍的时候，负加速度才慢慢减弱，但亦会产生极为强大的冲击波。由此而在瞬间产生的压力可与地心内部的压力（10 兆帕）相比。

受冲击波影响的地区的岩石立即会压缩起来，随之出现两个现象：一是流体动力的传递，另一个是受挤压的物体爆炸性地四面八方弹射出去。任何极其猛烈的冲击，必然会造成撞击物破碎、温度激增和气化。必须强调指出，这一系列过程是在瞬间完成的，往往不到 1 分钟就结束了。

在陨石坑周围可以找到曾熔化过的岩石和石英砂及石英玻璃，这是冲击波对于陨石坑内的岩石施以物理和化学处理的结果。

1960年后，各国专家做了大量的研究，以便能在没有陨石碎片的情况下确认星伤。其中最主要的一点是，星伤的特殊形状和它四周隆起的边缘：它内部呈辐射状，是一个压榨锥体。地球上的任何灾变，都没能造成这样的地表现象。

从地球物理学角度来看，严重的星伤必然会造成重力反常，撞击坑会被爆炸后的散落物部分地填满，出事地点的磁场亦会出现反常。

逐渐形成的撞击变相学，正在为识别星伤提供新的标准。陨石同地面撞击时的巨大压力（超过100吉帕）和高温（超过5000℃）无疑会使撞击物本身发生巨大的变化。科学家们通过仪器测得，受到强大压力的岩石结构会发生变化，高温则会使撞击物玻璃化，而只有来自宇宙的巨大陨石才会产生这么大的压力和温度。科学家们用撞击变相学研究世界各地的陨石坑，获得了令人振奋的成果。

这里要顺便指出的是，1957年后，美国科学家在地下核爆炸试验中搞了几个人工的"星伤"，其形状同陨石轰击点十分相似。最大的人工"星伤"是1962年7月代号为"塞丹事件"的核爆炸后形成的：在美国内华达州冲积平原某地地下192米处，一个10万吨级的核装置轰隆一声巨响，炸出了一个直径400米，深110米的坑穴。星伤学家对这些人工"星伤"做了多学科的仔细研究，特别考察了不同地域所发生的变化，以便进一步研究地面上的星伤。

克费尔斯坑之谜

在奥地利蒂罗尔州府因斯布鲁克西南 60 千米处有一个村子，名叫克费尔斯，在奥兹塔尔山谷的 400 米高处。很久以来，这个山村一直吸引着地质学家们的注意，因为它附近有一个直径为 5 千米的盆状地形，科学家们怀疑那是一个年代较近的大陨石坑。山地的陨石坑当然不像平原上的陨石坑那么明显，但克费尔斯坑同样具有星伤的一些特点。

科学家们在那里找到了许多玻璃颗粒，很像 1863 年起人们发现的玻璃陨石坑里的情况。经研究得知，克费尔斯陨石坑里的玻璃颗粒是原来的岩石经过短促的极高温的作用，没有完全熔化便又迅速冷却而成的。最先跑到克费尔斯村来考察的皮希勒和哈默尔说，这些玻璃颗粒是大山爆发的产物。可是，阿尔卑斯山脉中，特别是奥兹塔尔山近期没有喷发活动，克费尔斯坑的结构同火山口毫无共同之处。意识到上述这些特点的地质学家施蒂策尔和聚斯分别于 1936 年和 1937 年到实地进行考察，指出克费尔斯坑是一个天体坠落时炸成的，玻璃颗粒就是这个爆炸的产物。1966 年以来，又有一批科学家陆续到那里研究，证明该坑与火山爆发无关，而且还找到了撞击的痕迹。

克费尔斯陨石坑十分年轻，许多科学家都认为至多不超过 8500 年，比前面所说的那次灾变要晚 3500 年。据学者们估计，轰击克费尔斯的那颗天体并不大，直径只有 250 米，爆炸时释放的能量约为 8.2×10^{18} 焦耳，相当于一次 8.6 级的大地震。这样的地震比 1755 年里斯本大地震要小一些，后者达 9 级，能量为 10^{19} 焦耳，是近 500 年来人们记忆中最严重的一次地震。

虽说克费尔斯大爆炸的能量波及的地球范围不大，但爆炸时抛入空中的残片是难以估计的。爆炸尘埃笼罩了整个欧洲，给这块大陆带来至少是几个星期的黑暗。

这次轰击可能发生在 6500 年前，那个时候，奥兹塔尔一带居民寥寥无几。但是，整个中欧的居民应该是会目击天体的陨落和爆炸的。进入大气层的大火球必定极其耀眼，当时的人们也一定会误认为太阳落地了。这件事后来可能被人蒙上神话或迷信的色彩流传下来。地理神话作家 V.隆德贝格的《天与地》一书中就有五则故事同这次轰击事件有关。

撒哈拉上空的爆炸

1954 年，出版商 G.科尔帕克奇出版了轰动舆论的《古埃及死者名录》一书。这是一份极为珍贵的资料集。它的主要章节早在第四王朝门科拉国王统治时（公元前 2700 年）就已成文。有的学者认为，这个时间也许还可以向前推去，距今可能已有 6000 多年。

贯穿这本稀世孤本的是一连串天灾人祸，里面对于来自宇宙的灾难只是轻描淡写，很不具体。所以，我们只能知道 6000 多年前曾发生过什么灾难，但说不出详细情节来。该书有一章较多地谈到了天体坠落，章名为《天体陨落之夜》，看上去确实有过一次大规模的灾难袭击了整个北非洲。

种种迹象表明，早在公元前 5000 年或公元前 6000 年末，北非洲曾遭受过一次宇宙天体的严重袭击。一些严肃的著作家认为，古埃及的地貌同现在的埃及很不一样，甚至同公元前3300年第一王朝时期也完全不一样。现有的所有古代文献表明，首批埃及人来自西方，同来自南方的人种混合，繁衍了生活在尼罗河畔的居民。

古埃及人的迁徙很自然地使我们怀疑，撒哈拉曾发生过陨石的轰击。如今面积达800万平方千米的大沙漠过去是一片绿荫富饶的沃野，史前时期住有最早的一批人类。在遥远的过去，有一条名叫特里冬斯的大河横穿撒哈拉地区，同尼罗河一起由南向北，浩荡而去。空中摄影已经将这条古河道的位置全部查清。它从霍加尔流出，奔腾2000千米，连贯特里托尼斯湖和帕拉斯湖，最后注入加贝斯湾（当时的加贝斯湾跟今天的面貌很不相同）。这条重要的大河滋润了北非的土地，养育了那里的居民。

撒哈拉地区沙漠化的速度如此之快，始终引起气象学家和地质学家们的注意。如果说，几群牛羊和其他牲口破坏了那里的植被，致使沃野变成沙漠，那是谁也不会相信的笑话。许多学者认为，沙漠化的起因应该是某个自然的灾变。古埃及人和古马格里布人的传说中说，在一个遥远的过去，撒哈拉平原上发生过一次天降灾祸。现代学者研究的结果表明，曾有一个直径达数百米的天体在撒哈拉上空的低层大气中爆炸，这次大爆炸开始了沙漠化的进程。陨石爆炸时的热量和大火焚毁了那里的森林草木，烧死了那里的动物，烤干了那里的河流湖泊，泥土被焙成砖一般坚硬的土坊塔。暴露在太阳光下的泥土很快就变成了沙粒，这又使当地气候无比干燥，结果沙漠面积越来越大，居民们随之就逐渐向海边迁移。

另外，陨石大爆炸会产生核爆炸似的辐射。许多埃及古籍都谈到了"生物污染"，当地曾出现过一些巨人病，这是细胞受了辐射影响的结果。有些古书中说，这样的巨人在公元前1000年时还生活在摩洛哥的上阿特拉斯一带，民间传说把这些巨人说成是食人生番。

当然，大爆炸的说法仍然只是撒哈拉沙漠化的假设中的原因，还有待科学的进一步考证。

太平洋上的轰击事件

世界各地区的古代居民，都为后人留下了大洪水的传说或记载。德里贝雷夫妇用了近10年的时间访遍世界，于1978年出版了《世界大洪水史记》，列举了大量事实，证明远古时代世界上有过多次洪灾，其中最著名的是《圣经》中描写的那次殃及欧亚大陆的特大洪水，它大约发生在公元前4000年，或是由幼发拉底河洪水泛滥而成，或由波斯湾发生地震后的大海啸所造成。

可是，《圣经》中记载的这次洪水显然不是最大的水灾，远远不是如此。在所有关于洪水的传说中，好些传说都同某一次大水有关。那是发生在太平洋上的特大洪水，估计在公元前2300年曾有一颗天体轰击了太平洋。

太平洋周围不少民族的传说中都提到"天空落下一颗大星"的事件，有的则说是"一个巨大火球自天而降"。中国有一则民间故事说，一个冒失鬼闯入天宫，一怒之下撞断了一根巨大的天柱，惹来了一场连天大雨。学者们指出，所有传说都谈到了洪水同"天"有关，这似乎可以断定，一个天体同太平洋相撞过。的确，海洋占地球面积的71%，因此，那里最有可能发生来自宇宙天体的轰击。

据法国学者孔布的研究，那次轰击发生在中国尧帝时期，即公元前2300年左右。陨落的天体坠入太平洋后，带来了一连串的灾难。首先，一个巨大的海啸吞没了太平洋诸岛，席卷了东南亚，中国当然是首当其冲的受害者。高达数百米的巨浪夷平了沿海一带的地面。

陨落的天体撞击海水时发出极大的能量，使海水沸腾，蒸汽冷却后又变成滂沱大雨，倾泻在沿海地区。

陨落的天体同太平洋相撞，引起了一连串猛烈的地震和火山爆发。洋面上一些大的岛屿沉入水底，不少幸存者逃至南美洲、澳大利亚和印度，这就是说明为什么现今被大洋阻隔的民族之间有这么多的相似之处。比如说，复活节岛上发现的古代居民的图画文字同印度古城莫亨诺达洛遗址中发掘出来的图画文字竟近乎完全一样。

有些民间传说指出，太平洋遭到那次袭击后，天空昏暗了一个时期，等重见蓝天时，太阳离地球远了，南方天空原先可见的星星不见了。

塞克梅火龙

地中海域东部地区历来是地震四伏、火山活跃的地方，这主要是由地球物理方面的原因。公元前1500—公元前1450年，桑托林火山喷发。众所周知，比这还要早 400 年，一场大地震使陆地下陷，著名的死海在这次灾难中诞生。桑托林火山喷发刚刚停歇，岩浆的余烬尚未冷却，那里又于公元前 1225 年发生了一次陨石轰击事件。这接连三场浩劫，把那里的古文明所能留下的痕迹荡然无存。

在 1962 年出版的《向沙漠夺回的圣经》一书中，作者 W. 凯勒详细地描写了《圣经》中的族长亚伯拉罕在世时期——公元前 1900 年前后——发生的大地震，它夷平了锡迪姆河谷，索多姆市及戈穆尔市被埋于地下，地裂处冒出的天然气在空中爆炸，并燃起了久久不灭的冲天大火。地陷 20 多米的地带后来便积水成了今日的死海。

公元前 1500—公元前 1450 年间发生的灾情更为严重的桑托林火山喷发，使这座大山从中间裂开，造成一个 11 千米×7.5 千米的火山口。火山活动时，海面恶浪涌起，200 米高的海啸犹如猛兽一般向陆地冲去，摧枯拉朽，所向披靡，受害地区积存的岩浆达 100 立方千米。有些学者认为，大西国就是这次灾难的殉葬品。这种观点显然是相当牵强的。

公元前 1225 年前后的那场灾难同上面两个事件不一样，它的祸根在天空。有些专家认为，那次同地面相撞的是一颗较大的彗星。其实这种假设不太可行。另一些学者，如法国的孔布先生则认为，轰击地球的是一个小行星。

德国神学家兼考古学家 T. 施帕努特在 1977 年出版的《大西国之谜》一书中说，根据梅迪纳哈布石刻记载，德国北部不勒苏益格——荷尔斯泰因州的居民在公元前 1225 年大灾难后逃离了家乡。

在埃及发掘到的岩壁刻文记载说，公元前 1225 年空中坠下"一个大火球""一团熊熊烈火""一条火龙"。埃及古籍中有多处描写了这次灾难，把陨落的天体叫作塞克梅。塞克梅来自印度洋方向，沿东南至西北这条路线斜飞而去。

塞克梅在空气中摩擦发热，自身燃烧，并拖着一条长长的火迹，因此看上去像条火龙。它的温度骤然升高，在低空发生猛烈的爆炸，一块飞到利比亚上空，另一块坠落在叙利亚，带来一场空前的大火灾，第三块掉进了地中海。可是，它的主体仍在空中飞行，经过中欧、德国北部、斯堪的纳维亚半岛南端，最后在冰岛附近的空中炸成齑粉或坠入大海。

这颗横穿欧洲的天体，所到之处，劣迹昭著，其灾害波及北非、西亚和欧洲，它飞经的地面植被统统被烧毁，因而引起了犹太人和中欧人的大迁移。这种迁移势必导致部落间的战争，也带来社会结构、文化传统的深刻变化。

宇宙袭击的影响

来自宇宙的袭击带来了严重的影响：地球轨道的诸因素发生了重大的变化。地球的轴从 0 度倾斜到 23 度左右，这一变化非同小可。当初，地球倾斜度一改变，整个太阳系的各大行星间的关系随之也会改变。需要经过悠悠岁月的调整，它们才能进入新的平衡之中。科学家们深信，小行星撞击地球，一定也改变了地球的旋转方式。如果轰击方向同旋转方向一致，就会加快旋转速度；如果方向相反，则会减慢旋转速度。这一变化不能与地球目前转速的减慢混淆起来，因为后者是由于月球远离而去所造成的。

完全可以肯定的是，大量小行星的轰击，使我们地球的磁场出现了紊乱，进而发生了深刻的变化。地球的磁层也是如此。这样的变化对我们今天物种的稳定性是相当危险的，如果不说是十分可怕的话。

这类影响的大小，要看天体撞击地球时释放出来的能量的多少。很小的天体袭击地球表面，只会给局部地区带来灾难。可是，从前巨大的陨星（直径在数千米以上）坠落时会造成整个地区或全球性的灾难，其影响会持续很久很久。数千米以上的大陨星至今依然存在，因而灾难依然可能降临。

小陨星坠落造成的陨石坑是相当圆的，有时也有方形的，这样的星伤在潮湿地带就会变成湖泊或海。最近几年，科学家们发现许多湖泊原先都是星伤。

严重的星伤由于地壳下陷会使星伤边缘地区出现坍陷，形成大海或海湾。另外，由于地质均衡反应和猛烈撞击后出现的大地构造运动，地质结构也会出现一系列的紊乱现象。

如果巨大的天体撞击地球的极区，所释放出来的能量就会使两极的冰全部或部分融化成水，地球各大洋的水位就会无限地增高。这样，大陆海岸浸入水中，地球表面就会发生巨大变化，难以想象的灾难便会遍布全球。

最后还须指出的是，相当规模的陨石如果在空中爆炸，其不可估量的威力可以把部分甚至整个地区毁灭：植物死亡、建筑物倒塌、人的生命遭受严重的伤亡。

二 地球生命的萌发

　　生命的诞生悠悠岁月，耿耿宇穹，千变万化，扑朔迷离。处于银河系"郊外"的太阳系，孕育了我们的小小寰球，滋润了我们的人类文明。自从地球上出现生命以来，地球就耐心地哺育它，帮助它发展、成长和繁衍。可是，生命发展史是一部沧海桑田的历史。

宇宙撞击的副产品

　　像太阳系的其他几大行星一样，被宇宙体猛烈而频繁袭击的地球并没有被"炸平"，也没有被"轰坍"，它只是在其表面留下了累累伤痕。地球上慢慢发展起来的生命，受到了这种环境的影响，有时濒临毁灭，有时完全灭绝。但这些生命终于度过重重灾难，一再复萌繁衍，达到了今天这样的规模和水平。人，便是地球上的生命之巅。

　　地球上的一切生命，特别是人类，目前和将来依然面临着来自宇宙的灾难。宇宙体对地球的轰击，影响着生命的演变进程。从某种意义上讲，目前地球上的生命形式是宇宙撞击的副产品。而在火星，宇宙撞击却成了生命的出现和生存的最大障碍。用法国学者米歇尔·孔布的话来说，"来自宇宙的灾变乃是生命演变的主要动力之一。"

　　这一结论在不甚了解天文学的科学家中引起大哗。但孔布断言，"这一论断明天就将成为显而易见的道理"。科学的前进是任何力量也阻挡不了的。科学和事实一样，最有发言权。

粒子的轰击

我们地球从太阳、银河系和银河系以外的宇宙空间，吸收着以射线形式传来的电磁波。作为不甚完善的记录仪，我们的双眼只能感觉到可见光这一部分。

电磁波对地球的轰击是一种看不见的、但确实存在的轰击，即粒子轰击，或叫微粒轰击。这样的轰击除了对大气有一定的影响外，其后果主要表现在生物方面。

人们知道，电磁波是用不同的波长射到地球上来的。美国宇宙射线专家J.林斯利和其他天体物理学家正在潜心研究这些射线，他们利用高空气球、火箭、人造卫星或航天飞机，搜集大气层以外的宇宙射线，试图揭开它们的奥秘。

可见的波，其波长范围为 3000~8000 埃（即 0.3~0.8 微米）。物理学告诉我们，一个光子携带的能量，跟它的波长成反比。这就是说，紫外线、X射线和伽马射线的波长一个比一个小，而它们的能量却一个比一个大。紫外线的波长是 100~3000 埃，X射线的波长是 0.2~100 埃（能量是 0.1~50keV），伽玛射线的波长在 0.2 埃以下（能量却在 50keV 以上）。这 3 种射线主要来自太阳，一小部分来自银河系。

宇宙中还存在着一种力量比上述 3 种射线更为强大的射线，大家称它为宇宙射线。J.林斯利在他的《高级宇宙射线》一书中指出：宇宙射线是"一股带电粒子流（不带光子），主要由称之为质子（90%）的氢原子和粒子（氢核）组成，它们以近似光

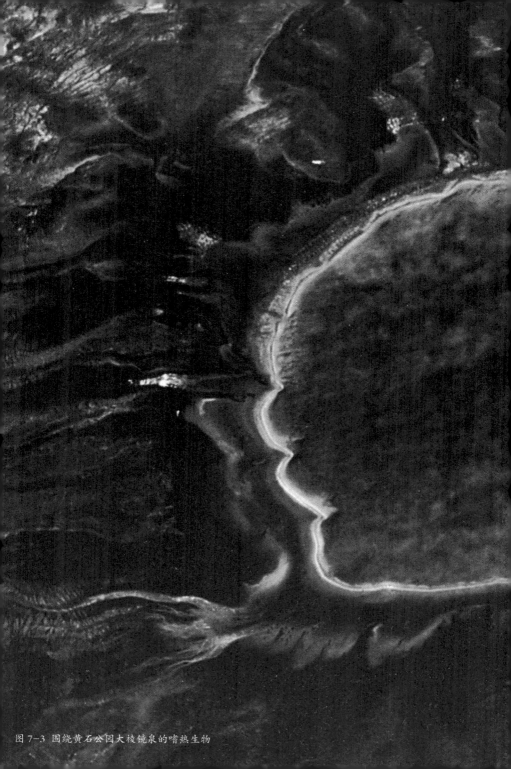

图 7-3　围绕黄石公园大棱镜泉的嗜热生物

的速度穿过宇宙空间，从银河系‘涌向’地球。”在α射线中还有很小一部分重核原子、电子和伽玛光子。物理学家们观测到，宇宙射线中某些粒子的个体能量可以超过 10^{17}keV。这是极高的能量，它可以将 1 千克重的物体抛入空中几米。值得庆幸的是，在正常时期，即在地球的磁场和磁性层（外逸层和大部分电离层的总称）处于正常的时候，带电粒子组成的宇宙射线受到磁场的影响，大部分被阻截。另一部分则同大气分子相撞，失去原有的能量，形成了低能量的粒子束。这些粒子束再同其他大气分子相撞，产生出第三代粒子，并继续同大气分子相撞。这样以此类推，不断减级。当它们到达地球表面时，能量已微乎其微。正常时期，赤道地带的宇宙射线比极地的宇宙射线弱 20%，这是磁层的特殊形状和大气层随纬度的不同而厚度也不同所形成的。

尽管到达地面的宇宙射线已经十分弱了，但它们的放射性仍然比人类活动产生的放射性强大得多。

粒子轰击在某些时期对大气层的重要组成部分——臭氧层——会产生不可忽视的影响。臭氧层位于海拔 20 ~ 30 千米。S.西斯利克在《同温层臭氧》一书中说，“臭氧是由三个氧原子组成的气体，它对地球上的生命来说至关重要，因为它能对十分有害的太阳的紫外线进行过滤。可是，臭氧层却难以抵御某些特殊的袭击（如太阳喷发时大量袭来的射线），也无法挡住地球般大小的新星或超新星爆炸时放出的大量物质和宇宙射线。科学家们认为，潮水般袭来的质子会破坏臭氧的浓度。”

现在，人们怀疑自己的某些活动也在无意中破坏着臭氧层。业已明白的问题是，低层大气层出现的氟利昂：那是人们使用气雾剂、制冷机和空调设备所产生的气体。氟利昂是臭氧的死敌，因为它能分解而产生氯，而氯会同臭氧结合，致使后者解体。现已查明的其他敌人有：同温层飞机、大气层中的核爆炸等。这样，臭氧层腹背受敌，既遭到宇宙射线的袭击，又面临来自地球的破坏。要是臭氧层被破坏，那么地球上的生物就会面临无法抗衡的威胁。

宇宙射线：祸与福

　　生物学家们历来重视宇宙射线的轰击对生命体的影响，并对此展开了广泛的研究。他们发现，处于宇宙射线"倾盆大雨"袭击之下的细菌、不同动物的卵和实验动物都有了明显的变态。他们还观察到了基因的变化：受辐射的动物躯体上好些部位有癌变。

　　我们已经得知，每当地球长期处于宇宙射线的轰击时，生命就面临巨大的危险。比如当地球磁场发生倒转而失去磁层的保护时，生命就会十分危险。而地磁场倒转过程中出现的磁场消失期，往往要持续数千年。所以，每出现这个时期，总会有一些物种灭绝，同时又会出现一些新的"变种"。人体组织将会在未来的磁场消失期受到严重的挑战：皮肤癌会普遍出现，白血病到处可见，整个人类的生存就成了问题。

　　有些科学家说，那时会出现普遍的衰老症和衰弱症；也有人说，人们会得无法医治的巨人症。这样的灾难，每50万年就要发生一次。西方预言家一面发出绝望的哀叹，一面提出这样的假想：控制宇宙射线，并把它们作为无穷的能源。可是，人类的科学还不甚发达，远不能用宇宙射线来造福于人类。也许，还要数千年的努力才能做到这一点。尽管如此，朝这个方面努力还是十分值得的，因为这关系到人类的存亡矣。

不过，在正常时期，宇宙射线绝非"死光"。也许恰好相反，它们是促进生命发展的射线。少量的宇宙射线，有利于生物的发育。要是没有任何一点宇宙射线，其后果是不堪设想的：生命就会停止或减缓其发育。瑞士学者J.欧格斯特指出："宇宙射线对生命来说，也许跟光线一样必不可少。"

生命起源于何处

生命的起源和演变的问题，历来是科学家们尤感兴趣的研究课题。21世纪以来，这方面的研究取得了重大的进展，但还没有真正揭开生命的奥秘。生命是地球上土生土长的呢，还是由宇宙的某地移植来的？现在，谁也不反对地外生命的可能性。天体物理学家和地外生物学家发现了许多星际分子，这证明生命所必须的"生命基"到处都存在。

人们知道，早在前寒武纪，地球上就有了十分的原始的生命形式。科学家们在34亿年前的沉积物中，找到了最古老的生物。但我们没有理由否定，生命的出现也许还要更早一些。在学术界，科学家们普遍认为，地球上生命的出现或外星生命在地球上的传播，大约开始于公元前40亿年。这个时间，也正好是地壳趋于坚固的时期。

大部分潜心研究生命起源的科学家认为，生命产生于"原汤"的无机物质中。40亿年前，地球上到处是这样的"原汤"。

可是 21 世纪初，瑞典著名化学家S.阿莱因纽斯提出了一个完全崭新的理论：地球上的生命是从另一个星球移植来的。这位诺贝尔奖获得者指出，在"他处"形成的生物经过长途的星际旅行来到地球。这种假设看起来似乎站不住脚，因为生物在旅途中经不起过量的宇宙射线的袭击，大量的放射线会使一切由碳、氢、氮、氧组成的有机结构解体。

然而，外星生物躲在陨石内部进行星际旅行，那就不怕宇宙射线了。这样一来，生命起源于外星的理论就站得住脚了。一个活着的细胞密封在陨石内部，它的确可以承受星际旅行的考验，因为陨石挡住了放射线，宇宙空间的低温又防止了细胞机体的化学恶化。

碳陨石是小行星的重要组成部分。含碳球粒陨石分为 3 种类型，第一类含碳 35%，水 20%，硫 6%。这一类很早以前就引起了专家们的注意，因为它的一部分碳是以有机化合物的形式出现的。

人们在含碳球粒陨石中找到了大量有机化合物。1864 年 5 月 14 日坠落在法国塔尔纳—加龙省省会蒙托帮附近的奥戈依陨石，就有这种物质。可是，有人指出，陨石上的有机物是坠落地面后污染上的。是的，含碳球粒陨石容易透水，具有强大的吸染力，地球上的氨基酸等有机化合物很容易附着其上。这样，地球生命的外星起源说就遭到挑战。

1969 年 9 月 28 日，澳大利亚默奇森市附近的一块荒地上落下一颗属第二类型的含碳球粒陨石。科学家们欣喜若狂，纷至沓来。他们采取严密的措施，防止陨石染上地球有机物。这颗陨石得到了认真仔细的化验分析，结果表明它上面确实带有有

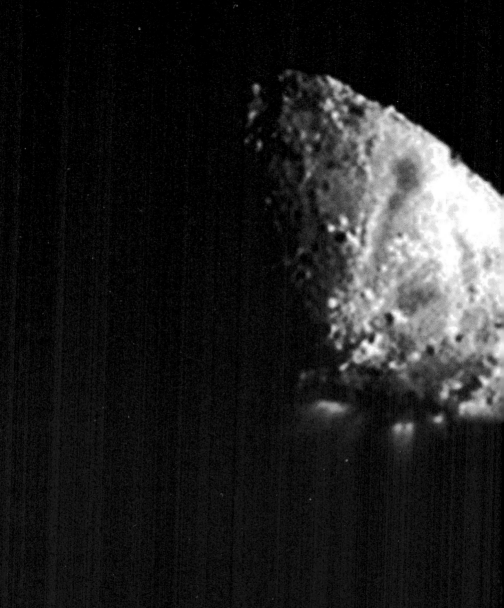

图 7-4 此表盘展示地质学时间及地球历史事件 冥古宙 40.78 亿前年部分为无
生命时期，其余部分体现了生命之演进 最后 200 万年的第四纪为人类
时间，在图中太短而看不到

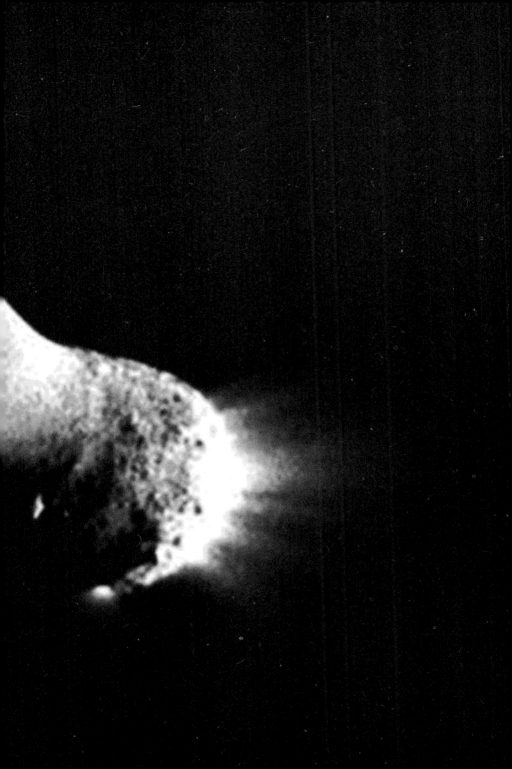

机化合物和大量氨基酸。美国肯塔基州的默里陨石和墨西哥的
艾伦德陨石也含有特殊的氨基酸，这些都证明了上述结论。

彗星的凶与吉

1980 年，英国著名的天体物理学家和宇宙化学家F.霍伊尔
和N.C.威尔拉马辛格出版了《生命云》一书。这两位闻名遐迩
的科学家以令人信服的论据证明，生命起源于宇宙，地球上的
生命是"舶来品"。他们认为，早在地球刚刚形成的时期，就落
下不少带有原始生物的彗星核。这些活着的细胞——即生物化
学分子——又来自星际尘埃云，而太阳、地球和其他行星就是
在 46 亿年前由这些尘埃云形成的。这就是说，当初原始生物传
播到太阳系的每一颗行星上。但看来只有地球成功地保持住了
这些生物。而在其他行星上，原始生物一一夭折。

霍伊尔和威克拉马辛格还指出，地球从宇宙中获得了所有
挥发性物质，这样就有了大气和海洋。来自宇宙的原始生物，一
部分是通过挥发性物质移植到地球上来的。

今天，彗星再也不会创造生命。相反的是，它会带来灾难和
死亡。提出这一设想的，仍然是霍伊尔和威克拉马辛格。他们的
理论是惊人的：古代和中世纪横行地球的几次大流行性病，是由
彗星接近地球时它们的尾巴带来的病原菌造成的。彗星的碎片
也附着有病菌，宇宙射线不能把这些有害的生物统统杀死。

病菌起源于宇宙的思想，不是这两位英国学者的新发现，
早在古代就有人提出过。19 世纪还有过一些有关的著作，比如
A.吉耶曼在 1875 年出版了《彗星》一书。19 世纪初，T.福斯特

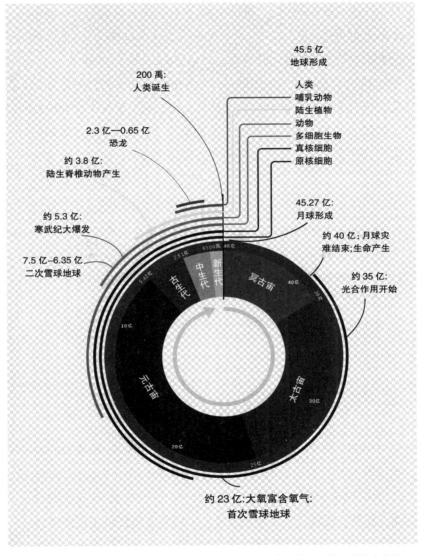

图 7-5 航天器拜访 103P/哈德利彗星的彗核和它造成的喷流。彗核的长度大约
是 2 千米，最窄的地点宽仅约 400 米

博士用大量事实证明，所谓彗星的害处是没有根据的，有的说法甚至很荒唐。应当指出，自古以来人们就害怕彗星，全世界都是如此。其实这是愚昧的恶果，今天仍然有人恐惧彗星。

科学家应当弄清的问题是，大气中出现彗星物质对地球究竟有没有害处？霍伊尔和威克拉马辛格认为，地外生物大量侵入地球大气是一个从未间断过的现象，今天依然存在，将来还会存在下去。而侵入的主角当然是病毒或细菌，它们或在彗星尘埃表面，或在陨石内部，"大摇大摆"地来到地球。在世界各国的历史上，有关难以解释的流行性病的记录很多。这些病往往突然发生，危及整个地区和城镇，而且蔓延非常迅速。然而，这些流行性病还有另一个特点，即持续时间很短（只有一年），从未危及整个地球的居民。尽管病菌来自宇宙的说法多少有点道理，而且许多有威望的学者都一再支持这种观点，但法国学者M.孔布却说："如果把一切病原都归结在彗星上，是不公正的。"

恐龙灭绝之谜

6500万年的地球，曾发生过一次巨大的灾难：陆地上和海洋中的大批动物突然消失。这是古生物学上的一个谜。在上白垩纪的生物圈里，主要生活着巨型的爬行类动物，如陆上的恐龙、海里的蛇颈龙和空中的飞龙，人们都已发掘到了这些动物的化石。那时地球上生活着许多种动物，可是它们谁也没有渡过第三纪这一关。

有好几代，古生物学家都试图揭开这个谜，他们提出了许

图 7-6 位于犹加敦半岛的希克苏鲁伯陨石坑，直径达 180 千米

多似乎合乎真理的解释。这里，有一点是肯定的：6500万年前，地球上曾有过一个明显的寒冷期。可是光凭这一点，不能说明活跃在地球上的生命为何突然消失。也有人推测说，大陆上发生了严重的旱灾，由于缺乏食物，动物间自相残杀，最后导致完全灭绝。还有一些科学家指出，恐龙的躯体十分庞大，但大脑却十分小，因此恐龙是退化绝种的。

最后还有人说，恐龙的消失跟最初一批哺乳动物的出现有关。可是，应当承认，动物竞争的问题至今也没有找到证据。

然而，6500万年前的一颗小行星轰击地球致使恐龙死绝的理论，似乎可以解释这一切。提出这个理论的是美国物理学家、1968年诺贝尔物理学奖获得者L.W.阿尔瓦雷斯及其儿子、地质学家W.阿尔瓦雷斯。许多学者支持这个理论，认为它能揭开恐龙灭绝之谜。这一理论的主要依据是，在地球的许多地方，特别是在地中海西部发现了过分集中的铱，在6500万年的地质层中还发现了过量的锇。这些过量的铱和锇肯定只能来自宇宙，即一颗小行星撞击地球时留下的。

阿尔瓦雷斯父子解释说，一颗巨大的、直径为10多千米的天体曾经撞击过地球，大量的碎片和尘埃被抛入空中。这层尘埃云很快扩展到整个大气层，在许多年里遮天蔽日。这样，阳光无法抵达地球，昏暗的大气中断了一切光合作用。得不到阳光的植物，大部分枯萎而死，造成了全球性的大饥荒，躯体庞大的动物很快就统统饿死。只有25千克以下的小动物——其中有刚出现的哺乳动物——以树根、种子和有机体的腐败物为食，总算幸免于难活了下来。巨型爬行动物的绝迹，为灾后余生的灵长类动物的发展创造了条件，加快了它们走向生物金字塔尖的步伐。可以说，假如没有 6500 万年前的这次宇宙轰击，地球上的生命（动物和植物）绝不会发展成今天这个样子。

另外的一些理论跟阿尔瓦雷斯父子的理论十分相近，如 K.J.休就假设说，一颗彗星曾坠落在海洋里，撞击时放出的热量使大气温度骤然上升，致使大型动物灭绝。彗星释放出来的氰化物和二氧化碳杀死了浮游生物和海洋中的生物。

不过，没有哪一种假设能像阿尔瓦雷斯父子的理论这样令人信服。接受这父子俩的理论，乃是科学界向前迈出的重要一步，因为这个理论涉及灵长类和我们的祖先。